Albert Mößmer

Großtraktoren

Die Traktoren von Schlüter gehörten zu den berühmtesten deutschen Großtraktoren. Mit Modellen wie denen der Super-Trac-Reihe schrieben sie Geschichte.

GROSS TRAKTOREN

Die schwersten und stärksten Schlepper

Albert Mößmer

GeraMond

Unser komplettes Programm:

www.geramond.de

Produktmanagement: Martin Distler
Schlusskorrektur: Helga Peterz, München
Satz/Layout: Verlagsservice Peter Schneider, Germering
Umschlaggestaltung: Jarzina Kommunikationsdesign, Holzkirchen
Repro: Cromika s.a.s., Verona
Herstellung: Anna Katavic
Printed in Italy by Printer Trento

Alle Angaben dieses Werkes wurden vom Autor sorgfältig recherchiert und auf den aktuellen Stand gebracht sowie vom Verlag geprüft. Für die Richtigkeit der Angaben kann jedoch keine Haftung übernommen werden. Für Hinweise und Anregungen sind wir jederzeit dankbar. Bitte richten Sie diese an:
GeraMond Verlag
Lektorat
Postfach 40 02 09
D-80702 München
E-Mail: lektorat@verlagshaus.de

Die Deutsche Nationalbibliothek – CIP-Einheitsaufnahme
Ein Titeldatensatz für diese Publikation ist bei der Deutschen Nationalbibliothek erhältlich.

ISBN 978-3-86245-655-0

Albert Mößmer wurde 1958 in Dachau geboren. Seine ersten Erfahrungen mit Traktoren sammelte er auf dem landwirtschaftlichen Anwesen seiner Eltern (Landkreis Freising). Nach einer technischen Ausbildung war er mehrere Jahre im Maschinenbau tätig. In dieser Zeit entwickelte sich seine Begeisterung für klassische Traktoren, deren Geschichte und technische Entwicklung ihn bis heute fasziniert.
Der Wirtschafts- und Sozialwissenschaftler ist als selbstständiger Webentwickler und IT-Berater tätig.

Autor und Verlag danken allen Personen und Unternehmen, deren Bildmaterial für dieses Buch verwendet werden durfte, sowie allen, deren Traktoren für dieses Buch fotografiert werden durften.

Bildnachweis

AGCO: 122, 123
AGCO, Challenger: 79 o, 88 o, 94 o, 95 u, 96, 97, 110, 111, 124, 125
AGCO, Fendt: 6 o, 8 u, 16 u, 17, 27 o, 30, 31 o, 42, 43, 63 o, 106, 107, 130, 131
AGCO, Massey Ferguson: 6 u, 32, 48, 49, 82, 83
AGCO, Valtra: 27 u, 59, 64, 65
Belarus: 23 u
Paulus Beuken: 18 u
Torsten Born, Pixelio.de: 11 o
BulldozerD11, CreativeCommons: 33 u
Case IH: 7 u, 44 o, 45, 78 u, 80, 81, 89 o, 94 u, 98, 99, 100, 101, 102, 103, 116, 117, 118, 119, 120, 121, 132, 133, Nachsatz
Claas: 7 o, 63 u, 70, 71, 76, 77
CNH, Steyr: 35
Daimler AG: 52 u, 53 u
Dan Davison, Creative Commons: 62 u
Deere & Co.: 14 u, 38 o, 39, 40 o, 41 u, 46 o, 47, 66, 67, 68, 69 u, 78 o, 88 u, 95 o, 104 o, 105, 108, 109
deltaenthalpy, Creative Commons: 46 u
Deutz-Fahr: 12 o, 112, 113, 114, 115
Mikhail Evd, Fotolia.com: 2
FarmPhoto.com: 33 o
Frank-Peter Funke, Fotolia.com: 8 o
Hanomag: 13, 15 u
Margo Harrison, Fotolia.com: 62 o
Richard G. Hawley, Creat. Commons 2.0: 24 o
heycountryboy: 69 o, 104 u
Manfred Hierhager: 34 u
ich-selbst-derwolf, Pixelio.de: 9 o
JCB: 72, 73, 74, 75
Kramer: 25 u
Vitaly Krivosheev, Fotolia.com: 22 o
Albert Mößmer: 9 u, 10, 11 u, 12 u, 15 o, 16 o, 18 o, 19, 21 u, 25 o, 26 o, 28, 29, 31 u, 36, 37, 50 o, 51 o, 52 o, 53 o, 54 u, 55, 56, 60, 61, 128 o, 129 o
Shahnoor Habib Munmun, Creative Commons: 50 u
New Holland: 58, 79 u, 84, 85, 86, 87, 89 u, 126, 127
Felix O (sludgegulper), Creative Commons 2.0: 22 u
Ralf Puschmann: 34 o
Roland zh, Creative Commons: 20 o
Mel Rowling, Creative Commons: 38 u
Sebastian Schobbert: 24 u
Chr. Späth: 14 o, 20 u, 21 o, 57 o
Robert Taylor, Creative Commons: 40 u, 44 u
Brian Teutsch, Creative Commons: 41 o
Stefan Thiermayer, Fotolia.com: 54 u
Versatile: 26 u, 90, 91, 92, 93
Johannes Vetter, Fotolia.com: 51 u
Frank Vincentz, Creative Commons: 57 u
Zeabi, Fotolia.com: Vorsatz, 23 o

Der Aufstieg der Ackergiganten

Die Bezeichnungen „Traktor" und „Schlepper" deuten auf die Aufgabe hin, wofür die wohl wichtigste landwirtschaftliche Arbeitsmaschine konzipiert war. Sie sollte zum Ziehen von Geräten wie Wagen, Pflügen und Eggen dienen und damit Tiere und Menschen bei den anstrengensten Arbeiten in der Landwirtschaft entlasten. Die Leistungsfähigkeit eines Traktors wurde deshalb anfangs in Pferdestärken gemessen. Mancherorts maß man die Leistung des Motors, in einigen Ländern, darunter den USA, war man mehr an der Leistung an der Zugstange interessiert. Als sich in den 1920er-Jahren die Zapfwelle bei den Traktoren zu verbreiten begann, wollte man auch die PS-Zahl an der Zapfwelle wissen. In einigen Ländern ist es diese Zahl, die bei der Kaufentscheidung als der wichtigste Leistungswert angesehen wird. Lange Zeit stand für die Schlepper als optionale Ausrüstung auch eine Riemenscheibe zur Verfügung. Sie diente zum Antrieb von stationären Geräten, wie Dreschmaschinen oder Kreissägen. Deswegen war unter den Daten eines Traktors oft ein Wert für die Leistung an der Riemenscheibe zu finden.

Für heutige Verhältnisse nehmen sich die Leistungsangaben früher Traktoren bescheiden aus. Der erste Lanz-Bulldog leistete 12 PS. Der Bauernschlepper von Deutz, der 1936 auf den Markt kam und die kleinen und mittelgroßen landwirtschaftlichen Betriebe als Zielgruppe anvisierte, besaß eine Motorleistung von 11 PS.

Elf Pferdestärken klingen nicht nach viel. Aber in einer Zeit, in der auf einem Hof mittlerer Größe nur ein paar Pferde als Zugtiere vorhanden waren, brachte selbst der Erwerb eines kleinen Traktors eine enorme Steigerung der verfügbaren Leistung mit sich. Die Traktoren schluckten zwar Kraftstoff, aber das Beste vom Futter, das vorher die Pferde gefressen hatten, blieb nun für die Kühe übrig, die es mit mehr Milch dankten. Noch dazu arbeitete der Traktor ermüdungsfrei. Die maschinellen Pferdestärken waren auch am Ende eines Arbeitstages noch vorhanden.

Natürlich gab es auch schon früher stärkere Traktoren. Der erste Schlepper mit Verbrennungsmotor, über den man etwas Genaueres weiß, war der 1892 in Waterloo, im amerikanischen Bundesstaat Iowa, gebaute Froelich-Traktor, dessen Motorleistung bei 20 PS lag. Als schließlich die Serienfertigung von Traktoren begann, waren es zuerst die großen landwirtschaftlichen Betriebe, die ihre Pferde durch eine Zugmaschine ersetzten. In Europa war vor dem Zweiten Weltkrieg der Schlepper auf einem kleinen oder mittleren Hof noch die Ausnahme. Die großen Güter und zahlungskräftigen Landwirte waren dagegen schon früh an möglichst hohen PS-Zahlen interessiert, um große Maschinen einsetzen und die landwirtschaftliche Arbeit rationalisieren zu können. 1926 brachte Lanz einen Groß-Bulldog mit 28 PS auf den Markt. 27 PS leistete der MTZ 120, den Deutz ab 1929 baute. Von einer solchen geballten Kraft konnte der Durchschnittslandwirt nur träumen. Die Hersteller konzentrierten sich gerne auf den Bau der rentableren Großtraktoren. Die leistungsstarken Schlepper ließen sich außerdem nicht nur in der Landwirtschaft einsetzen. Man benutzte sie in der Forstwirtschaft zum Ziehen von Baumstämmen, auf den Flughäfen zum Schleppen von Flugzeugen und zum Räumen der Bahnen, im Transportgewerbe und in der Industrie für den Transport schwerer Güter. In jüngerer Zeit spielen die Großtraktoren außerhalb der Landwirtschaft beim Straßenbau und bei Erdbewegungsarbeiten oft eine wichtige Rolle.

Der technische Fortschritt schuf ständig neue Möglichkeiten. Die Traktoren wurden im Laufe der Zeit größer und stärker. Die obere Grenze gab immer weiter nach. Die Elektronik spielt eine immer wichtigere Rolle. Gleichzeitig stiegen aber auch die Ansprüche an die Schlepper in anderer Hinsicht. Sie bieten heute einen Komfort, an den man vor wenigen Jahrzehnten nicht zu denken gewagt hätte.

Dieses Buch bietet einen Überblick über die Welt der Großtraktoren, von den frühen Ackergiganten bis zu den modernen Hightech-Riesen, deren Leistungskraft bereits die 600-PS-Marke überschreitet. Die meisten der Supertraktoren werden in Nordamerika gebaut, wo die großen Flächen den Einsatz rentabel machen. Aber auch die im Westen und Osten Europas hergestellten Traktoren der obersten Leistungsklasse werden vorgestellt.

Bei der Lektüre des Buches wünsche ich viel Freude!

Albert Mößmer, im Herbst 2011

Inhalt

Die frühen Großtraktoren 8

Lanz HR 8 Bulldog 10
Deutz F3M 317 12
Hanomag 50-PS-Traktoren 13
Lanz Halbdiesel 14
Hanomag R 55 ATK / R 455 ATK . . 15
Fendt Favorit „ff-Reihe“ und „moderne Serie“ 16
Eicher Mammut II / Mammut II Allrad 18
Eicher Wotan II Allrad 19
Deutz: Baureihe 06 20

SPECIAL: Großtraktoren der Sowjetunion 22

Dutra D4K 24
Kramer 1014 Allrad 25

Die klassischen Großschlepper 26

Schlüter Super 1500 TVL 28
Fendt: Baureihe Favorit 600 LS . . . 30
Massey Ferguson: Baureihe MF 1000 32
Die Traktoren namens Big Bud 33
Schlüter Profi Trac 5000 TVL 34
Steyr 8300 35
Schlüter Super 2000 TVL Special . 36
John Deere: Baureihe 55 38
John Deere: Baureihe 70 39
John Deere: Baureihe 7000 40
John Deere: Baureihe 8000 41
Fendt: Baureihe Favorit 800 42
Case IH: Baureihe 9100 44
Case IH: Baureihe 8900 45
John Deere: Baureihe 8010 46
John Deere: Baureihe 9000 47
Massey Ferguson: Baureihe 8200 48

SPECIAL: Systemschlepper 50

Mercedes-Benz MB-trac 1000 52
Mercedes-Benz MB-trac 1300 53
Mercedes-Benz MB-trac 1600 turbo 54
Mercedes-Benz MB-trac 1800 intercooler 55
Schlüter: Reihe Super Trac 56
New Holland: Reihe Versatile 9082 58
Valtra: XM-Reihe 59
Schlüter Profi Gigant 60

Spezialisten des Ackers . . . 62

Valtra: S-Reihe 64
John Deere: 8020-Reihe 66
John Deere: 9020-Reihe 68
Claas Xerion 3300 70
Claas Xerion 3800 71
JCB Fastrac 8250 72
JCB: Reihe Fastrac 7200 74
Claas Xerion 5000/4500 76

SPECIAL: Knicklenker 78

Case IH STX450 80
Case IH STX500 81
Massey Ferguson: 8400-Reihe 82
New Holland TG275 84
New Holland TG305 85
New Holland TJ500 86
New Holland TJ530 87

Die neuen Giganten 88

Versatile MFWD-Serie 250-305 hp . 90
Versatile 4WD-Serie 305-400 hp . . . 91
Versatile HHT 4WD-Serie 92

SPECIAL: Raupentraktoren 94

Challenger MT865B 96
Challenger MT875B 97
Case IH STX330 98
Case IH STX480 100
Case IH STX530 102
John Deere 8030 104
John Deere: 8R-Reihe 105
Fendt 936 Vario TMS 106
John Deere: 9030-Reihe 108
Challenger: MT900B-Reihe 110
Deutz-Fahr: Baureihe Agrotron X . . 112
Massey Ferguson 8600-Serie 114
Case IH Steiger 335 116
Case IH Steiger 435 118
Case IH Steiger 535 120
AGCO DT275B 122
Challenger MT865C 124
Challenger MT965C 125
New Holland T9040 126
New Holland T9060 127
Deutz-Fahr: Baureihe
Agrotron TTV 600 128
Fendt 939 Vario TMS 130
Case IH Steiger 550 132
Case IH Steiger 600 133

Die frühen Großtraktoren

Die Riesen aus der alten Zeit

Die ältesten Traktoren der Welt waren Großtraktoren – jedenfalls was ihr Gewicht und ihre Größe anbelangt. In Großbritannien, in den USA und auch in Deutschland wurden Ende des 19. Jahrhunderts Dampfzugmaschinen oder Lokomobile hergestellt. Sie waren so etwas wie kleinere Dampflokomotiven, die aber auf der Straße fahren konnten. In den USA wurden solche tonnenschweren Geräte sogar bei der Feldarbeit eingesetzt. In Europa versuchte man es mit Dampfseilpflügen, bei denen ein Pflug mit einer Gondel, auf der ein Lenker saß, von zwei Lokomobilen mit Seilen über das Feld gezogen wurde.

Der Marktführer Lanz stellte bereits in den 1920ern Großschlepper her. Diese Modelle hatten einen Glühkopfmotor mit nur einem Zylinder. Obwohl der Startvorgang recht zeitaufwendig war, waren diese Traktoren sehr beliebt, weil sie äußerst robust waren und auch billigstes Rohöl getankt werden konnte.

Der Beginn der Motorisierung

1892 wurden dann die ersten Traktoren mit Verbrennungsmotor gebaut. Weil das recht kostspielige Geräte waren, konnten sich nur reiche Gutsbesitzer so ein Gefährt leisten. Die verwendeten Landmaschinen wurden in den ersten Jahren meist vom Dorfschmied angepasst, um den Umstieg von den Zugtieren auf den Traktor zu ermöglichen.

Mit der von Deutschland ausgehenden Verwendung von Glühkopf- und Dieselmotoren für Traktoren änderte sich das Bild. Nun waren die Kosten der Haltung eines solchen Arbeitsgeräts für breitere Klassen erschwinglich. Zu den ersten Firmen in Deutschland, die Großtraktoren dieser Art anboten, gehörte Lanz mit seinen Glühkopfschleppern. Mit Dieselmotoren arbeiteten Maschinen von Deutz oder Hanomag.

Bei den verschiedenen Modellen wurde sehr stark nach Einsatzzwecken unterschieden. In einer Zeit, wo der Lkw und der Kleintransporter noch nicht so verbreitet waren, hatten oft als Straßenzugmaschine ausgestattete Traktoren ihre Aufgaben zu erfüllen. Sie arbeiteten bei Speditionsbetrieben, im Stückguttransport oder bei Schaustellern und Zirkussen. Mit ihren Kotflügeln und geschlossenen Fahrerkabinen wirkten sie gar nicht mehr wie Traktoren.

Die Landmaschinenindustrie war bestrebt, geeignete Arbeitsgeräte zu entwickeln, mit denen die Feldarbeit schneller abgewickelt werden konnte. Dabei wurden auch gezogene Mähdrescher eingeführt, die jedoch einen starken Traktor verlangten. So schaukelten sich die Branchen gegenseitig nach oben.

Nach dem Zweiten Weltkrieg

Die großen Traktoren waren so ausgereift, dass die Baumuster mit einigen Retuschen noch einige Jahre weitergebaut wurden. Die Verkaufszahlen waren allerdings noch nicht so hoch. Währenddessen hatte sich in Amerika eine neue Gene-

Die Großtraktoren von Fendt trugen ab 1958 den Namen „Favorit". Sie spiegelten die Leistungsexplosion der Topmodelle auch europäischer Marken wider. War bei der Einführung der Reihe noch ein 40 PS starker Dreizylinder-Motor verbaut worden, so wurden beim Favorit 824 aus dem Jahr 1993 bereits 230 PS gemessen.

ration von Traktoren etabliert, die immer stärker und größer wurden. Auch in der Sowjetunion setzte man, da die Betriebsflächen ebenso wie auf dem nordamerikanischen Kontinent gigantisch waren, auf leistungsfähige Schleppergiganten. Die PS-Zahlen dieser Fahrzeuge lagen meist jenseits der 200 PS.

In Deutschland hingegen waren angesichts der kleinflächiger betriebenen Landwirtschaft bereits Schlepper mit 60 PS echte Großtraktoren. Zu den etablierten Herstellern kamen andere hinzu, die sich zum Teil vorher eher mit kleineren Modellen befasst hatten. Dazu gehörten beispielsweise Fendt, Eicher, Schlüter oder Kramer. Die Modelle wurden immer ausgereifter. In den 1950er- und 1960er-Jahren wurde die Schlepperhydraulik zu einem großen Thema. Nicht nur, dass ölhydraulische Kupplungen ihren Einzug in den Traktorbau hielten, auch Strömungsgetriebe, bei denen die Kraftübertragung stufenlos erfolgte, wurden verwendet. Der Kraftheber wurde hydraulisch betrieben und ständig leistungsstärker, was es möglich machte, immer schwerere Geräte anzubringen. An der Vorderseite des Traktors hatte man schon einige Zeit einen mechanischen Frontlader verwendet. Durch die Hydraulik konnte dessen Hubkraft enorm gesteigert werden, und auf vielen Höfen wurde der Frontlader zu einem unverzichtbaren Arbeitsgerät.

Die frühen Großtraktoren wurden auch häufig als Zugmaschinen eingesetzt, die im Bereich von Industrie, Handel und Dienstleistung Verwendung fanden. Zu den berühmtesten Fahrzeugen dieser Kategorie zählten die Verkehrs- und die Eil-Bulldogs der Firma Lanz. Sie warteten mit einer Leistung von bis zu 55 PS auf.

Nach einigen Versuchen, die Allradtraktion in den Schlepperbau einzuführen, war in den 1960ern nach einigen Pionierleistungen von MAN und Same besonders bei den Großtraktoren zu beobachten, dass immer mehr Kunden ihr Fahrzeug mit vier angetriebenen Rädern bestellten. Die großen Vorteile wie die enorme Zugkraftverbesserung oder die bessere Geländegängigkeit wogen den Preisunterschied auf. Da bei diesen Traktoren das Lenken sonst zu schwer gewesen wäre, setzte sich die hydrostatische Lenkung durch. ◀

Einer der frühesten deutschen Hersteller, die Großtraktoren bauten, war Hanomag in Hannover-Linden. Diese Firma stellte bereits in den 1930er-Jahren Traktoren mit einer Leistung von 50 PS her, was damals als Spitzenwert galt.

In die Gruppe der HR-8-Bulldogs gehört dieser D 9532, der vor allem im Bereich des Transportgewerbes beschäftigt wurde. Fahrerkabine, gefederte Vorderachse, Beleuchtungseinrichtung nach StVZO und ein gepolsterter Schwingfedersitz sorgten für ein relativ angenehmes Fahrgefühl.

TECHNISCHE DATEN

Typ	D 1506
Bauzeit	1937–1940; 1950–1955
Motor	Lanz Glühkopfmotor HR 8
Verfahren	Glühkopf
Kühlung	Thermosyphonkühlung
Zylinder	1
Hubraum	10.338 ccm
Nenndrehzahl	750 U/min
Leistung	55 PS
Gänge	6V 2R
Gewicht	3.500 kg
Länge	3.390 mm
Höhe	2.185 mm
Radstand	2.036 mm

Geschichte: 1934 erneuerte der damalige deutsche Marktführer Lanz sein Programm und nahm die Schlepper der neuen Modellreihen HR 7 und HR 8 ins Programm auf. Sie hatten beide den Zehn-Liter-Motor der Reihe HR 5, allerdings wurde bei ihnen die Leistung erhöht. Die HR 7 hatten 30 PS Dauer- und 35 PS Höchstleistung. Bei den HR 8 standen sogar 38 und 45 PS in den Fahrzeugpapieren. Später kam es sogar noch zur Einführung der Reihe HR 9, bei der dieser Motor 55 PS erbrachte. In dieser Konfiguration wurden allerdings nur Eil-Bulldogs gebaut, die nicht für die Landwirtschaft vorgesehen waren.

Modelle: Die HR-8-Familie bestand aus den folgenden Fahrzeugen, die zum Teil bis 1944 produziert wurden: Dem Acker-Bulldog mit Eisenbereifung und Dreigang-Getriebe D 9500 (D 9501 mit elektrischer Beleuchtungseinrichtung und Anlasszündung, D 9502 mit Scheinwerfern, aber ohne Anlasszündung), dem Ackerluft-Bulldog D 9506 mit sechs Gängen und Luftbereifung, dem Kombi-Bulldog D 9511 (mit Elastikbereifung und vor allem von Lohnunternehmern gekauft,

Ebenfalls ein HR 8, diesmal aber der Ackerluft-Bulldog D 1506 aus der Zeit nach dem Zweiten Weltkrieg. Das 55 PS starke Modell wurde schon von 1937 bis 1940 produziert. Der letzte dieses Typs rollte erst 1955 aus der Fertigungshalle. Die Kotflügel mit Trittbrett waren bei Verkehrs-Bulldogs oft in Verwendung.

um Dreschmaschinen stationär zu betreiben), dem Verkehrs-Bulldog D 9521 und den beiden Eil-Bulldog-Versionen D 9531 ohne und D 9539 mit Fahrerkabine.

Technik: Im Unterschied zu den HR-7-Bulldogs, die D-Nummern mit 85xx erhalten hatten, waren die HR 8 mit der D-Nummer 95xx mit einem Stufenregler ausgestattet. Dieser ermöglichte es dem Fahrer, die Drehzahl auf 630 U/min zu erhöhen, woraus dann die höhere Leistung resultierte. Das Gasgeben erfolgte mit einem Handhebel, gekuppelt wurde mit einem Pedal. Das Zubehör für diese Traktoren war sehr umfangreich. Man konnte zum Beispiel folgende Ausrüstung mitbestellen: Zapfwelle, Reifenfüllanlage, Fahrerverdeck oder einen Mähbalken. ◂

Auf Traktortreffen gehören die schweren HR-Bulldogs immer zu den Höhepunkten. Besonders die Verkehrs- oder Eil-Bulldogs mit einer Fahrerkabine sind beeindruckend. Der zwischen 45 und 55 PS starke Motor war immer ein Einzylinder-Glühkopfmotor. Bei Lanz war diese Bauweise schon zum Evangelium geworden.

Dieses Modell ist ein Lanz Bulldog der Reihe HR 8. Seine genaue Bezeichnung lautet D 9506. In dieser Ausführung leistete der Motor 45 PS. Der Hubraum dieses Ackerluftschleppers maß 10.338 Kubikzentimeter. Zu seinen Extras zählten eine gefederte Vorderachse, ein Sechsgang-Getriebe und ein Fahrerverdeck.

Zur Modellfamilie der sogenannten Stahlschlepper gehörte der F3M 317 mit 50 PS der Kölner Firma Deutz. Der ab 1935 gefertigte Großtraktor war damals einer der stärksten seiner Zeit. Der Dieselmotor war sehr genügsam und verarbeitete auch billigstes Rohöl und sogar tropische Pflanzenöle.

Geschichte: Zwischen 1935 und 1942 wurde der stärkste Deutz-Traktor vor dem Zweiten Weltkrieg gebaut. Der F3M 317 hatte einen Dreizylinder-Motor, der es auf eine Leistung von 50 PS brachte. Damit machte er den Großschleppern von Lanz und Hanomag Konkurrenz. Zielgruppe waren vor allem die Großbetriebe östlich der Elbe und das Ausland. Allerdings interessierten sich auch viele Betriebe aus dem Transportgewerbe für das Modell. Sie bestellten gleich immer das Fahrerverdeck mit Windschutzscheibe mit.

Technik: Dieser Traktor gehörte zusammen mit dem Zweizylinder-Modell jener Zeit zur Gruppe der „Stahlschlepper". Deutz verkaufte ihn entweder mit Eisenbereifung oder mit Gummireifen. Das 5/1-Getriebe wurde von Deutz selbst gebaut. Riemenscheibe und Zapfwelle wurden serienmäßig mitgeliefert. 1942 wurden in das Modell ein neuerer Motor eingebaut und einige Überarbeitungen vorgenommen, die ihn leichter und technisch moderner machten. So entstand der F3M 417. In dieser Ausstattung wurde der 50-PS-Traktor nach dem Zweiten Weltkrieg noch bis 1953 produziert. Er gehörte da immer noch zu den leistungsfähigsten Modellen Europas. ◂

TECHNISCHE DATEN

Typ	F3M 317
Bauzeit	1935–1942
Motor	Deutz F3M 317
Verfahren	Vorkammer
Kühlung	Wasserkühlung
Zylinder	3
Hubraum	5.768 ccm
Nenndrehzahl	1.300 U/min
Leistung	50 PS
Gänge	5V 1R
Gewicht	3.970 kg
Länge	3.650 mm
Höhe	2.480 mm
Radstand	2.200 mm

Praktisch baugleich, aber mit einem etwas moderneren Motor war der F3M 417, der noch 1942 – also mitten im Krieg – eingeführt wurde. Modelle wie diese Stahlschlepper oder der berühmte Elf-PS-Bauernschlepper verschafften Deutz den glänzenden Ruf, der das Unternehmen lange Jahre zum Marktführer machte.

Geschichte: 1933 gelang es den Ingenieuren von Hanomag, die Leistung des Dieselmotors D 52 auf 50 PS zu erhöhen und eine neue Baureihe zu entwickeln, die verschiedene Ausstattungsvarianten bot, aber stets 50 PS stark war. Die Konstruktion beruhte auf dem Kettenschlepper K 50, weshalb die Vorderachse umgekehrt eingebaut wurde. Die ersten beiden Modelle waren der AR 50, ein reiner Ackerschlepper mit Dreigang-Getriebe und Eisenbereifung; der GR 50 hatte zunächst ebenfalls nur drei Gänge, war aber mit Gummibereifung und Straßenverkehrsausrüstung ausgestattet worden.

Modelle: Ein Jahr später wurde der AG 50 vorgestellt, der dank Zwischengetriebe auf sechs Gänge kam. 1935 wurde aus ihm der neue GR 50 B, er selbst wiederum wurde als AGR 50 etwas überarbeitet weitergebaut. Außerdem wurden die beiden Typen R 50 und RS 50 ins Programm aufgenommen. Sie waren für Zugaufgaben im Straßenverkehr vorgesehen und sollten den Lanz Eil-Bulldogs Konkurrenz machen. ◂

Der R 50 war eine speziell für die Arbeit als Straßenzugmaschine ausgestattete Variante des 50-PS-Schleppers von Hanomag. Das zwischen 1935 und 1942 gebaute Modell hatte für diesen Zweck eine Beleuchtungseinrichtung, eine Hupe, automobilähnliche Kotflügel und eine Sitzbank mit Platz für zwei Personen.

1933 stellte Hanomag als Konkurrenz zum HR 8 von Lanz diesen 50 PS starken Schlepper vor, der die Bezeichnung AR 50 bekam. Das Modell wurde aus dem Raupenschlepper Z 50 entwickelt und in verschiedenen Varianten, darunter auch mit verschiedenen Getriebeversionen, bis in den Zweiten Weltkrieg hinein produziert.

TECHNISCHE DATEN

Typ	GR 50 (B)
Bauzeit	1935–1938
Motor	Hanomag D 52
Verfahren	Vorkammer
Kühlung	Wasserkühlung
Zylinder	4
Hubraum	5.195 ccm
Nenndrehzahl	1.300 U/min
Leistung	50 PS
Gänge	6V 2R
Gewicht	3.800 kg
Länge	3.600 mm
Höhe	1.900 mm
Radstand	2.180 mm

Mit den Lanz Halbdieseln hoffte das angeschlagene Mannheimer Unternehmen auf eine Kehrtwende. Flaggschiff dieser Baureihe war der 60 PS starke D 6016. Das Modell hatte es auf dem Markt nicht leicht. Er blieb allerdings bis 1962 im Programm und erlebte auch noch die Volldiesel-Modelle.

Geschichte: Die Glühkopfschlepper von Lanz waren legendär, doch irgendwann waren sie dann doch überholt. Die Mannheimer ließen sich viel Zeit, bis sie 1952 ihre ersten Halbdiesel präsentierten. Der Name kam daher, dass der Motor zwar mit Diesel lief, für den Startvorgang jedoch Benzin verwendet wurde. Beibehalten hatte Lanz allerdings das Prinzip des Einzylinder-Motors. Der Großtraktor dieser Baureihe mit 60 PS gelangte jedoch erst 1955 in den Verkauf.

Technik: Lanz produzierte zwei Versionen seines Spitzenmodells. Der D 6006 hatte ein Sechsgang-Getriebe, der D 6016 besaß neun Gänge. Diese Version war die hauptsächlich in Deutschland verkaufte. Die Sechsgangversion ging vor allem in den Export. Der Auspuff des 60-PS-Schleppers war mit einem effektiven Schalldämpfer ausgestattet. Anders als bei den kleineren und mittleren Traktoren von Lanz kam es bei den Großschleppern nicht zu einer Ablösung durch ein Modell der Volldiesel-Serie. Der 60-PS-Halbdiesel wurde sogar noch weitergebaut, als die neuen Modelle der John Deere-Lanz 1960 vorgestellt wurden. Erst der John Deere 3010, der ab 1962 aus den Vereinigten Staaten importiert und in Mannheim endmontiert wurde, schickte ihn in Rente. ◂

TECHNISCHE DATEN

Typ	D 6016
Bauzeit	1955–1962
Motor	Lanz Zweitakt-Halbdieselmotor
Verfahren	Mitteldruckmotor
Kühlung	Thermosyphonkühlung
Zylinder	1
Hubraum	7.372 ccm
Nenndrehzahl	800 U/min
Leistung	60 PS
Gänge	9V 3R
Gewicht	3.920 kg
Länge	3.610 mm
Höhe	1.980 mm
Radstand	2.246 mm

Vor allem in den Export ging die Version D 6006 des 60-PS-Halbdiesels. Die deutschen Kunden bevorzugten den D 6016, da er drei Gänge mehr aufweisen konnte. Die Besonderheit bei dem abgebildeten Modell ist das Farbschema der Lackierung, das bereits die Farben Gelb und Grün von John Deere aufweist. Die Amerikaner hatten Lanz seit einiger Zeit übernommen.

Der R 455 ATK bildete während seiner Bauzeit das Flaggschiff der Firma Hanomag. Er wartete mit 55 PS auf. Sein Nachfolger, bei dem man lediglich die Motorleistung etwas erhöht hatte, trug den Namen R 460 ATK und leistete 60 PS. Die ölhydraulische Kupplung hatten beide.

Geschichte: Bereits 1952 stellte Hanomag eine technische Meisterleistung vor. Der R 55 ATK war eine Weiterentwicklung des R 55, die sich vor allem durch eine ölhydraulische Kupplung unterschied. Durch sie war es möglich, ohne Stöße oder Durchrutschen anzufahren, sogar im höchsten Gang. Das prädestinierte ihn für Zugaufgaben, weshalb er besonders gern von zivilen und militärischen Airports beim Rangieren von Flugzeugen eingesetzt wurde.

Ausstattung: 1957 wurden die Modelle von Hanomag umbenannt. Sie erhielten nun noch eine erste Ziffer, die auf die Anzahl der Zylinder hinweisen sollte. Aus dem R 55 ATK wurde folgerichtig der R 455 ATK. Die Motorhaube wurde nicht – wie bei den anderen Modellen – modernisiert. Zu den wichtigen Ausstattungen des Fahrzeugs zählten eine Seilwinde und eine Druckluftbremsanlage für den Anhängerbetrieb. Hanomag bot einen elektrischen Kühlwasservorwärmer an, damit das Fahrzeug im Winter sofort einsatzbereit war, um beispielsweise mit dem lieferbaren Schneepflug Schnee von der Landebahn zu räumen. Auf der Straße erreichte der 455 ATK bis zu 32,5 Stundenkilometer. Das machte ihn zu einem der schnellsten Traktoren dieser Zeit. ◂

Das erste Hanomag-Modell mit einer ölhydraulischen Kupplung war der R 55 ATL, der sehr häufig auf Flughäfen anzutreffen war. Um Blickkontakt zum Piloten aufnehmen zu können, hatte man bei verschiedenen Exemplaren ein Dach aus Plexiglas angebaut.

TECHNISCHE DATEN

Typ	R 455 ATK
Bauzeit	1957–1960
Motor	Hanomag D 57
Verfahren	Vorkammer
Kühlung	Wasserkühlung
Zylinder	4
Hubraum	5.702 mm
Nenndrehzahl	1.200 U/min
Leistung	55 PS
Gänge	5V 1R
Gewicht	4.419 kg
Länge	3.780 mm
Höhe	2.450 mm
Radstand	2.325 mm

Der Favorit 3 wurde 1964 eingeführt. Er löste die beiden Modelle Favorit 1 und Favorit 2 ab, die gleichzeitig gebaut wurden. Diese Abbildung zeigt eine recht seltene Allradversion des Favorit 3, die damals 5.000 DM teurer war als das einfachere Modell mit Hinterradantrieb. Werksintern bekam sie die Bezeichnung Favorit 3 A, doch das A fehlte auf den Motorhauben.

TECHNISCHE DATEN

Typ	Favorit 10 S
Bauzeit	1970–1971
Motor	MWM D 225-6
Verfahren	Direkteinspritzer
Kühlung	Wasserkühlung
Zylinder	6
Hubraum	5.100 ccm
Nenndrehzahl	2.400 U/min
Leistung	95 PS
Gänge	16V 8R oder 20V 10R
Gewicht	4.090 kg
Länge	4.400 mm
Höhe	1.935 mm
Radstand	2.690 mm

Geschichte: 1958 startete Fendt neu durch und warf die unübersehbare Zahl unterschiedlichster Dieselrösser aus dem Programm. Die aus drei Modellen bestehende ff-Reihe wurde vorgestellt. Den Part des Großtraktors übernahm der Favorit 1, der bereits im folgenden Jahr mit dem Favorit 2 einen größeren Bruder mit 46 PS bekam.

Modelle: 1964 löste der Favorit 3 beide Modelle ab. Er hatte nun einen Vierzylinder-Motor, ein Halbsynchrongetriebe und ein Aufladegebläse, mit dem er es auf 75 statt 52 PS brachte. Zwei Jahre später stellte Fendt den Favorit 4 mit einem Sechszylinder-Motor vor. Beeindruckend war das hydraulische System des Modells: Servobremsen, Lenkhydraulik, automatische Regelhydraulik, Unterlenker-Regelung und Turbokupplung machten den Favorit 4 zu einem Topmodell mit 80 PS. Die Turbokupplung mit dem Na-

Der Favorit 10 S gehörte zu den späteren Favoriten der ersten Baugeneration. Er wurde von 1970 bis zur Einführung der Favorit 600 im Jahr 1972 produziert. Sein Sechszylinder-Motor leistete 80 PS, das war so viel wie bei seinem Vorgänger, dem Favorit 4. Er besaß ein Synchrongetriebe und konnte mit Allradantrieb ausgeliefert werden.

men Turbomatik sorgte für ein problemloses Anfahren auch unter Last. Das Synchrongetriebe mit 16 Vorwärtsgängen wurde von der Zahnradfabrik Passau bezogen.

Ausstattung: 1970 wurde die Favorit-Serie mit drei neuen Modellen neu aufgestellt. Es handelte sich um die Favoriten 10 S, 11 S und 12 S. Alle hatten Sechszylinder-Motoren, der des 12 S war jedoch hubraumstärker und leistete 110 PS. Die beiden anderen lagen bei 80 und 95 PS. Sie bekamen alle das gleiche neue Getriebe ZP T 330 II und konnten auch mit Superkriechgängen ausgestattet werden.

Seit dem Favorit 3 gab es auch jeweils eine – meist beliebtere – Allradversion. Der Favorit 12 S war nur noch mit Allradantrieb zu haben. ◄

1958 stellte Fendt die sogenannte „ff-Reihe" vor, die aus drei verschieden starken Schleppern bestand. Der größte bekam den Namen Favorit 1. Als erster einer langen Serie von Favorit-Modellen hatte er noch einen Dreizylinder-Motor mit 40 PS. Er besaß eine Tornado-Duplex-Kupplung und ein Halbsynchrongetriebe.

Mit dem Favorit 4, der in den Jahren 1966 und 1967 gebaut wurde, stellte Fendt nicht nur sein erstes Modell mit Sechszylinder-Motor vor, sondern auch das erste, das eine eckige Motorhaube bekam. Das Design hatte auch technische Gründe, denn der 80 PS starke Motor war unter der alten Haube zu heiß gelaufen.

Sein Name war eine Ansage. Das Mammut II von Eicher gehörte zu den bis dahin stärksten Modellen der berühmten Raubtier-Reihe. Er hatte einen 3,9 Liter großen Vierzylinder-Motor, der ihm 55 PS bescherte. 1964 wurde die Leistung auf 60 PS erhöht. Ein starker Pluspunkt dieses Modells war seine Hydraulik.

TECHNISCHE DATEN

Typ	Mammut II (E 65, E 604; EM 600)
Bauzeit	1962–1964
Motor	Eicher EDK 4
Verfahren	Direkteinspritzer
Kühlung	Luftkühlung
Zylinder	4
Hubraum	3.927 ccm
Nenndrehzahl	2.000 U/min
Leistung	55 PS, ab 1964: 60 PS
Gänge	8V 4R
Gewicht	2.150 kg
Länge	3.520 mm
Höhe	1.700 mm
Radstand	2.350 mm

Leistung: Die Raubtier-Reihe von Eicher gehört zu den berühmtesten deutschen Baureihen. Eicher führte sie 1959 ein. Im Laufe der folgenden Jahre wurden immer stärkere Typen aufgenommen. Am oberen Ende der Skala stand ab 1962 das Mammut II mit einer Leistung von 55, ab 1964 60 PS. Erfolgreicher und fünf Jahre länger im Programm war die Allradvariante des Schleppers, der Eicher die technische Bezeichnung EA 600 gegeben hatte, während die Basisversion mit Hinterradantrieb EM 600 hieß. Für den bis 1969 produzierten Allradschlepper gab es 1967 eine weitere Leistungserhöhung auf 62 PS.

Technik: Das Mammut II hatte den luftgekühlten Eicher-Motor EDK 4, der mit einem Achtgang-Getriebe von ZF verbunden war. Standardmäßig fuhr das Modell 20 Stundenkilometer schnell, optional waren 28 km/h möglich, wenn man einen Schnellgang mitbestellte.

Einsatz: Das Mammut II wurde gern bei Forstarbeiten eingesetzt, weil sich seine Konstruktion als sehr kippsicher erwiesen hatte. Die Regelhydraulik war im Lieferumfang enthalten. Der Allradantrieb war dank einer Friktionskupplung unter Last oder während der Fahrt zuschaltbar. ◀

Der EDK-Motor wurde, wie man es von Eicher kannte, durch ein Axialgebläse luftgekühlt. Eicher war nach dem Zweiten Weltkrieg das erste Unternehmen der Welt gewesen, das einen luftgekühlten Dieselmotor im Schlepperbau verwendete. Mit optionalem Schnellgang erreichte der Mammut II 28 Stundenkilometer.

Eichers Sechszylinder-Modell Wotan II gehörte zur 1968 vorgestellten erneuerten Raubtier-Reihe, die auch als Reihe 3000 bekannt wurde. Dieser Name bezieht sich auf die technische Bezeichnung der Modelle. So war der Wotan II ein 3013, die gezeigte Allradvariante hatte die 3014 bekommen.

Geschichte: Er ist der Grund, warum man bei der 3000er-Reihe nicht mehr von einer Raubtier-Reihe sprechen sollte, denn Wotan ist der Zeus der germanischen Mythologie und kein Raubtier. Eicher bot ab 1968 vier verschiedene Versionen mit diesem Namen an. Ein Erfolg wurde allerdings nur der Wotan II Allrad, der nach einer 1973 erfolgten Anhebung der Motorleistung von 95 auf 100 PS auch den Beinamen Wotan 100 erhielt. Die Hinterradversionen waren praktisch ohne Kunden geblieben. Der sich abzeichnende Trend zum Allradantrieb bei stärkeren Modellen war nun nicht mehr aufzuhalten. Heute gibt es fast nur noch Allradschlepper.

Technik: Bis 1976 wurde der Wotan II in der Allradversion gebaut. Er hatte einen 5,9 Liter großen Eicher-Motor mit der Bezeichnung EDK 6, der auf sechs Zylindern lief. Das Getriebe T 335 II stammte von ZF. Es bot dem Fahrer 16 Vorwärts- und sieben Rückwärtsgänge. Auf der Straße war der bayerische „Göttervater“ bis zu 29 Stundenkilometer schnell unterwegs. Von diesem Modell wurden ungefähr 2.200 Exemplare produziert, weshalb man bei Eicher von einem guten Erfolg sprach. ◂

TECHNISCHE DATEN

Typ	Wotan II Allrad (3014)
Bauzeit	1968–1976
Motor	Eicher EDK 6
Verfahren	Direkteinspritzer
Kühlung	Luftkühlung
Zylinder	6
Hubraum	5.890 ccm
Nenndrehzahl	2.000 U/min
Leistung	95 PS, ab 1973: 100 PS
Gänge	16V 7R
Gewicht	4.200 kg
Länge	4.080 mm
Höhe	1.725 mm
Radstand	2.698 mm

In dieser Kategorie waren zu Ende der 1960er- und Anfang der 1970er-Jahre bereits die Allradtraktoren beliebter als die Modelle mit Hinterradantrieb. Die höheren Kosten erschienen den meisten eine sinnvolle Investition angesichts der besseren Performance von Schleppern mit vier angetriebenen Rädern, die höhere Zugleistungen erbrachten.

Die Baureihe 06 vertrat auch dieser D 70 06, ein Schlepper mit Vierzylinder-Motor und einer Leistung von 67, ab 1972 mit 70 PS. Wie alle Deutz-Traktoren dieser Ära hatte auch dieses Modell einen luftgekühlten Motor, der bei den 06ern schon als Direkteinspritzer arbeitete. Die Bauzeit war von 1970 bis 1974.

Geschichte: Unter dem Motto „Premiere der neuen Kraft" stellte Deutz 1968 seine ersten Traktoren mit eckiger Motorhaube vor, die die Baureihe 06 begründeten. Die Traktoren der ersten Generation leisteten zwischen 25 und 92 PS. In den folgenden Jahren wurde die Baureihe allerdings sukzessive nach oben erweitert. Die Vierzylinder-Modelle bewegten sich im Bereich um 60 PS. Die Großschlepper der Baureihe wurden aber mit Sechszylinder-Motoren ausgestattet, wobei der neue luftgekühlte Deutz-Motor F6L 912 zum Einsatz kam.

Modelle: 1970 erreichte der D 100 06 als erster Deutz die magische Marke von 100 PS. Mit einem Turbolader ausgestattet, leistete das Modell unter dem Namen D 120 06 sogar 120 PS. Das Spitzenmodell wurde aber der D 160 06 mit einer eindrucksvollen Leistung von 160 PS, die ihm die Achtzylinderversion des

TECHNISCHE DATEN

Typ	D 130 06 Allrad
Bauzeit	1972–1978
Motor	Deutz BF6L 912
Verfahren	Direkteinspritzer, Turbolader
Kühlung	Luftkühlung
Zylinder	6
Hubraum	5.652 ccm
Nenndrehzahl	2.400 U/min
Leistung	120 PS
Gänge	16V 7R
Gewicht	4.660 kg
Länge	4.300 mm
Höhe	1.990 mm
Radstand	2.550 mm

Auch wenn 120 PS heute nichts Besonderes mehr sind: Anfang der 1970er-Jahre war der D 130 06 in Deutschland einer der größten Traktoren seiner Zeit. Er war in der Lage, die stärksten Arbeitsgeräte zu ziehen, die auf dem Markt waren. Ein Turbolader sorgte für die hohen Leistungswerte des grünen Arbeitstiers aus Köln.

Dieselmotors FL 912 bot. Eine weitere Verstärkung der Schlepperflotte in dieser Baureihe gelang 1972, als der 120 PS starke Sechszylinder einen besseren Motor erhielt.

Technik: Deutz verstärkte nicht nur die Motorleistung seiner neuen Modelle, sondern spendierte ihnen auch ein neues Synchrongetriebe, bei dem die Gangzahl sich verdoppelte. Ab 1976 erhielt die Baureihe die Spezial-Komfort-Kabine, die schallisoliert und gefedert gelagert war. Außerdem verfügte sie über ein Frischluftventilationssystem. Die schweren Modelle wurden hauptsächlich mit Allradantrieb aufgeliefert. Für die war das ab 1976 eingesetzte automatische Sperrdifferenzial für die Vorderräder ein Vorteil. ◀

Der D 62 06 wurde 1974 eingeführt und gehört zur zweiten Generation der Baureihe 06. Der Name täuscht etwas, denn das Modell hatte nicht etwa 62 PS, sondern lediglich 58. Ein paar Jahre früher wäre er noch einer der größten Traktoren gewesen, in seiner Bauzeit war er mit dieser Leistung schon auf dem Weg Richtung Mittelklasse.

Der D 130 06 gehörte in die zweite Generation der Baureihe 06. Das ab 1972 produzierte Flaggschiff der Firma Deutz hatte einen luftgekühlten Sechszylinder-Motor, der eine Leistung von 120 PS erbrachte. 1978 wurde er von einem Modell der neuen DX-Reihe abgelöst. Neben der hier gezeigten Allradversion gab es auch eine mit Hinterradantrieb.

Special: Großtraktoren der Sowjetunion

In der Sowjetunion und ihren Satellitenstaaten war die Landwirtschaft in ganz anderer Weise strukturiert als in Westeuropa, wo lange Zeit kleine und mittelgroße Betriebsgrößen vorherrschten. Aus diesem Grund war die Arbeit völlig anders organisiert. Es gab Leute, die in den großen Staatsbetrieben nichts anderes taten, als mit den Traktoren zu arbeiten. Ein bisschen kann man sich das wie mit den heutigen Lohnunternehmern vorstellen. Um angesichts der riesigen Flächen, zu denen die früheren einzelnen Felder zusammengefasst worden waren, möglichst effizient zu sein, war es nötig, große Maschinen zu bauen.

Ein Zugtraktor mit vier gleich großen, angetriebenen Rädern war der K-744P2 von Kirowetz. Diese 350 PS starke Maschine stammt aus dem Werk in Sankt Petersburg, früher mal Leningrad geheißen. Das „P" ist eigentlich ein kyrillischer Buchstabe, der „R" bedeutet.

Kirowetz und die Riesen aus Leningrad

Einer der Produktionsorte mit der längsten Tradition im russischen Traktorbau sind die Kirowetz-Werke in der Millionenstadt Sankt Petersburg, die lange Jahre den Namen Leningrad führte. Dort wurden schon Anfang des 20. Jahrhunderts amerikanische Traktoren in Lizenz gefertigt. 1962 wurde dort der erste schwere Allradtraktor des Typs K-700 gebaut. Der Knicklenker hatte einen V8-Motor, der 215 PS erbrachte. Damit waren große Flächenleistungen möglich. Dieses Modell wurde 1975 durch den deutlich stärkeren K-701 ersetzt, der einen Zwölfzylinder-Motor mit 300 PS und mehr Raum für Kraftstoff bekam.

Diese Großtraktoren wurden lange Zeit produziert und nicht nur in der Sowjetunion, sondern auch in anderen Ländern eingesetzt, beispielsweise der DDR. Trotz seiner Lautstärke war er wegen seiner Leistung beliebt. In der Tradition dieser schweren Maschinen steht der K-744, den es in

TECHNISCHE DATEN

Typ	K-744R2 (Export)
Bauzeit	ab 1996
Motor	Mercedes-Benz OM 457 LA
Verfahren	Direkteinspritzer, Turbolader, Ladeluftkühlung
Kühlung	Flüssigkeitskühlung
Zylinder	6
Hubraum	11.946 ccm
Nenndrehzahl	1.800 U/min
Leistung	354 PS
Gänge	16V 8R
Gewicht	15.220 kg
Länge	7.350 mm
Höhe	3.876 mm
Radstand	3.750 mm

Der Kirowetz K-700A war der bereits in den 1970ern eingeführte Vorgänger des K-744. Der schwere Knicklenker wurde lange Jahre in größeren Stückzahlen gebaut und in alle sozialistischen Bruderstaaten exportiert. Sein Achtzylinder-Motor hatte einen Hubraum von 15 Litern. Die Gesamtlänge des Schleppers lag bei 7,4 Metern.

verschiedenen Ausführungen gibt. Die Leistung liegt je nach Modell zwischen 250 und 420 PS. Für den Export wird gern auf andere Motoren westlicher Hersteller zurückgegriffen. So erhält der K-744R2 einen Mercedes-Benz-Motor, der sonst auch in schweren Lkw verwendet wird.

Belarus und andere

Neben den Kirowetz-Modellen wurden auch andere Großtraktoren in der Sowjetunion gebaut. Bekannt ist zum Beispiel der T-150, ebenfalls ein Systemschlepper mit vier gleich großen Rädern, der zu Beginn der 1970er-Jahre eingeführt wurde. Seine Leistung lag bei 150 PS. Ein Nachfolger dieses Modells wird am Standort Kharkow heute noch produziert.

Zu Beginn wurden in der Sowjetunion vor allem Raupenschlepper hergestellt. Diese Tradition hat sich bis heute erhalten. So werden in Kharkow noch heute schwere Raupentraktoren produziert.

Der wohl wichtigste Schlepperbauer der Sowjetunion war Belarus in Minsk. Dieses Werk existiert heute noch, gehört aber nach dem Zerfall der UdSSR nun zu Weißrussland. Die Traktorproduktion konnte dort erhalten und in den letzten Jahren sogar wieder etwas ausgebaut werden. Belarus stellt auch Großtraktoren her, die man vor allem in Osteuropa verkaufen möchte.◀

Der K-701 der Leningrader Kirowetz-Werke war ein echter Traktorgigant. Sein Zwölfzylinder-Motor hatte einen Hubraum von 22.288 Kubikzentimetern. Die Leistung lag ohne die technische Hilfe eines Turboladers bei 300 PS. Gebaut wurde dieser Knicklenker ab 1975. Sein Lastschaltgetriebe wies 16 Vorwärts- und acht Rückwärtsgänge auf.

Belarus, einer der wichtigsten Traktorproduzenten Osteuropas, stellte mit dem Modell 3022 DB einen modernen Großtraktor vor. Der Motor dieses 303 PS starken Fahrzeugs stammt aus Deutschland, und zwar von der renommierten Firma Deutz. Das Gewicht dieses roten Riesen aus Weißrussland liegt bei zehn Tonnen.

Der Dutra D4K war besonders bei schwerer Bodenbearbeitung ein zuverlässiger Helfer in der osteuropäischen Landwirtschaft. Der Motor des Fahrzeugs stammte von Csepel, doch für den Export in Devisenländer konnten auch andere Aggregate verbaut werden.

TECHNISCHE DATEN

Typ	Dutra D4K B
Bauzeit	1964–1975
Motor	Csepel 613.15
Verfahren	Vorkammer
Kühlung	Wasserkühlung
Zylinder	6
Hubraum	7.983 ccm
Nenndrehzahl	1.850 U/min
Leistung	90 PS
Gänge	6V 2R
Gewicht	5.100 kg
Länge	5.020 mm
Höhe	2.530 mm
Radstand	1.950 mm

Geschichte: Aus Ungarn kamen schon seit dem Ende des 19. Jahrhunderts immer wieder interessante Landmaschinen, zum Teil auch riesige Fahrzeuge wie die Mechwart-Fräse oder der Landbau-Motor von Köszegi. Ein Zweigwerk des britisch-österreichischen Unternehmens Hofherr-Schrantz-Clayton-Shuttleworth (HSCS) existierte in Budapest. Nach der Sozialisierung Ungarns wurde das Werk in Traktorenwerk „Roter Stern“ umbenannt. Eines der bekanntesten Fahrzeuge dieses Werks ist der Dutra D4K beziehungsweise sein Nachfolger Dutra D4K-B.

Technik: Dieser 90 PS starke Allradtraktor hatte vier gleich große Räder, eine feste Fahrerkabine und einen kleinen Radstand, durch den die Motorhaube sehr stark über die Vorderachse hinausging. Etwa 15.000 Exemplare wurden gebaut, davon bekam die DDR etwa 4.000 Stück. Der von der österreichischen Firma Steyr konstruierte Steyr-Motor wurde in Lizenz von Csepel produziert. Die wenigen in den Westen exportierten D4K-B wurden zum Teil mit anderen Motoren ausgestattet, weil die ungarischen dort keinen besonderen Ruf genossen. ◂

Die Konstruktion mit kurzem Radstand und vor der Vorderachse eingebautem Motor war im Traktorbau sehr ungewöhnlich. Die vier gleich großen Räder waren dem Allradantrieb geschuldet, denn der ungarische Hersteller war noch nicht in der Lage, ein geeignetes Ausgleichsdifferenzial zu produzieren oder einzukaufen.

Der letzte Traktor der süddeutschen Traditionsfirma Kramer war ein Systemtraktor mit einer Leistung von – je nach Ausführung – 105 bis 121 PS. Der Sechszylinder-Schlepper hatte eine moderne Großraumkabine, die dem Fahrer eine gute Rundumsicht verschaffte und ihn gleichzeitig gegen die Witterungseinflüsse schützte.

Geschichte: Nachdem Deutz und Mercedes-Benz mit ihren Systemtraktoren den Markt geöffnet hatten, drängten andere Anbieter nach. Dazu gehörte auch die Firma Kramer, die einst mit ihren robusten „Allesschaffern“ Triumphe gefeiert hatte. Doch im Bereich der Schlepperproduktion waren die goldenen Jahre vorbei. Der Kramer 1014 Allrad war der letzte Höhepunkt in diesem Segment. Doch herausragende Technik, in Kleinserie gebaut, erforderte ihren Preis. Nur 210 Kunden waren dazu bereit, ihn zu bezahlen. Sie profitieren von einer sehr hohen Zugkraft, einer Allradlenkung, mit der auch eine Hundegang-Fahrt möglich war, und Allradantrieb.

Leistung: Kramer bot das Modell mit verschiedenen Deutz-Motoren an, sodass sich in den Fahrzeugpapieren Leistungen zwischen 105 und 121 PS wiederfanden. Auf der Straße lag die Höchstgeschwindigkeit bei 38,3 Stundenkilometern. Eine Besonderheit waren die beiden Lenkachsen, die es dem Fahrer ermöglichten, in beide Richtungen zu arbeiten. Außerdem standen Front- und Heckhydraulik zur Verfügung.◂

TECHNISCHE DATEN

Typ	Kramer 1014 Allrad
Bauzeit	1973–1981
Motor	Deutz F6L 912 oder Deutz F6L 913
Verfahren	Direkteinspritzer
Kühlung	Luftkühlung
Zylinder	6
Hubraum	5.655 oder 6.128 ccm
Nenndrehzahl	2.300 U/min
Leistung	105 PS oder 121 PS
Gänge	16V 8R oder 8/8
Gewicht	5.900 kg
Länge	5.180 mm
Höhe	2.750 mm
Radstand	2.500 mm

Eine Besonderheit des Kramer 1014 war seine Allradlenkung. Dank ihr schaffte er trotz seiner Länge von 5,2 Metern einen engen Wendekreis. Viele konstruktive Merkmale wurden auch bei der Produktion von Baumaschinen verwendet, auf die sich das Unternehmen fortan konzentrierte. Der hohe Preis des Klassefahrzeugs schreckte viele ab.

Die klassischen Großschlepper

Die Formel I der Traktorwelt etabliert sich

Mit der Weiterentwicklung der Traktortechnik und dank neuer Zusatzgeräte wurde es möglich, immer größere Maschinen zu bauen. Maßgeblich waren vor allem die Vereinigten Staaten und Kanada, denn dort existierten riesige landwirtschaftliche Betriebe, denen es zudem oft an Arbeitskräften mangelte.

Die deutsche Firma Schlüter in Freising gehörte lange Jahre zu den wichtigsten Herstellern von Großtraktoren. Die roten Allradschlepper zeichneten sich durch höchste Leistungen aus. Kein Wunder, dass das Unternehmen einen Bären ins Firmenlogo aufnahm.

Immer stärkere Motoren

Bei den Motoren war der Sechszylinder in dieser Zeit das Maß aller Dinge, doch es gab auch Firmen, denen das noch nicht genügte. So kamen häufig auch Achtzylinder-Motoren zum Einbau, vereinzelt sogar noch größere. Beispielsweise wurden für die Big Bud Motoren verwendet, die bis zu 16 Zylinder aufwiesen. Zu einem regelrechten PS-Krieg kam es gegen Ende der 1970er-Jahre, als verschiedene, oft kleinere Hersteller Großtraktoren mit weit über 500 PS Leistung herausbrachten. In Zeiten, wo die Kraftstoffkosten noch nicht eine so große Rolle spielten, war ein entsprechender Verbrauch kein Grund, der gegen einen Kauf sprach.

In Europa konnte man da nicht mehr mithalten. Lediglich Schlüter, bei den Oberklasseschleppern in Deutschland unangefochtener Marktführer, steuerte mit dem eigentlich für Jugoslawien gebauten Profi Trac 5000 TVL ein ähnlich starkes Fahrzeug bei. Dieses Einzelstück schaffte immerhin 500 PS. Ansonsten waren die Großtraktoren Westeuropas deutlich kleiner dimensioniert. Bereits Schlepper über 100 oder 150 PS galten hier schon als groß. Es kam ja vor allem darauf an, Produkte zu bauen, für die man auch Käufer fand. Angesichts der Betriebsgrößen in Westeuropa machte ein 600-PS-Riese keinen Sinn.

Neue Techniken

Da die Allradtraktion mit ihrer aufwendigen Technik sehr teuer und außerdem die Technik des Differenzials noch nicht zur Vollkommenheit entwickelt war, kam man auf den Gedanken, sogenannte Knicklenker zu bauen, bei denen nicht die Achse angelenkt wurde, sondern das gesamte Vorderteil des Schleppers. Die-

In Deutschland hat sich Fendt zum Hersteller innovativer und leistungsstarker Traktoren entwickelt. Ein Meilenstein sind die Vario-Modelle mit stufenlosem Getriebe wie dieser Fendt 936 und sein kleinerer Bruder Fendt 930.

ses Prinzip hatte Lanz bereits 1923 bei seinem HP-Allradschlepper angewandt. Wesentliche Voraussetzung war jedoch die Konstruktion eines starken Gelenks, das die einwirkenden Kräfte ausgleichen konnte.

Eine andere Konstruktion waren die Systemschlepper, die mit ihren An- und Aufbauräumen das gleichzeitige Aufnehmen und Einsetzen von mehreren Arbeitsgeräten ermöglichten und dadurch halfen, Zeit zu sparen.

Die großen Modelle von Herstellern wie John Deere, Fendt, Schlüter, Case oder Massey Ferguson waren stets auch wichtige Technologieträger, bei denen die neuesten Entwicklungen erstmals eingebaut wurden. Hier kam es seit den 1970er-Jahren nicht nur zu entscheidenden mechanischen Verbesserungen, sondern im Bereich der Elektronik zu einer echten Revolution. Der Computer hielt auch in den Schlepper Einzug. Dabei fungierte er als Steuerungsgerät, Überwachungssystem oder sogar als Hilfe bei der Verwaltungsarbeit.

Der pure Luxus

Doch nicht nur in Sachen Technik entwickelten sich die Schleppergiganten weiter. Denkt man an die ersten Traktoren, dann erinnert man sich an Landwirte, die in der sengenden Sonne im Freien auf einem harten, kaum gefederten Sitz saßen und am schwergängigen Lenkrad ihre Muskelkraft einsetzen mussten, um eine Kurve zu fahren. Manchmal steckte der Traktor fest, drehte durch oder … fiel am Hang um.

Hier sorgten die Hersteller für Abhilfe. Gerade bei den Großtraktoren, die für Betriebe konstruiert waren, in denen die Arbeit hinter dem Lenkrad sich über viele Stunden am Tag hinziehen konnte, wurde besonderer Wert auf ein bequemes Ambiente gelegt. Die Fahrersitze wurden stetig weiter verbessert und sogar durch die Hilfe von Arbeitsmedizinern passend designt.

Über dem Fahrer wölbte sich nun ein Kabinendach. Doch nicht nur gegen die Sonne wurde er geschützt, sondern dank einer Heizung oder Klimaanlage auch gegen unangenehme Temperaturen. Effektive Filtersysteme schützten gegen Schadstoffe, wie sie beim Ausbringen von manchen Düngern oder Pflanzenschutzmitteln auftraten.

Daneben wurde mit Kühlschränken und einer Musikanlage außerdem für das leibliche und seelische Wohl des Fahrers gesorgt. ◂

Schwere Traktorgiganten werden heute meist mit achtfacher Bereifung eingesetzt, um eine Reduzierung des Bodendrucks zu erreichen. Optisch wirken die Modelle dadurch noch weitaus eindrucksvoller. Im Bild zeigt ein S352 von Valtra, wie er Kraft und Geschwindigkeit auf den Acker bringt.

In Nordamerika gehörten die Großtraktoren von Versatile zu den Marktführern in diesem Segment. Versatile hat eine bewegte Geschichte; so gehörte es einige Zeit zu Ford und New Holland, inzwischen ist die Marke Teil des russischen Unternehmens Rostselmash.

Eine Weiterentwicklung des Super 1500 TVL war der ab 1981 gebaute Super 1500 TVL Special, bei dem der Schlüter-Motor SDMT 112 W 6 auf 160 PS gesteigert worden war. Ein Jahr darauf wurde dieser Wert sogar noch auf 165 PS erhöht. Das Zwölfgang-Getriebe war allerdings noch dasselbe wie beim Super 1500 TVL.

Geschichte: Im August 1972 wurde der erste Super 1500 TVL an einen Kunden verkauft. Schlüter baute mit diesem 150 PS starken Modell seine Spitzenposition im Bereich der Großtraktoren in Deutschland weiter aus. In mehreren Generationen und verschiedenen Verbesserungen wurde dieses Modell bis 1992 produziert und war ein wichtiger Pfeiler im Programm der Freisinger Traktor-

TECHNISCHE DATEN

Typ	Super 1500 TVL
Bauzeit	1972–1992
Motor	Schlüter SDMT 112 W 6
Verfahren	Direkteinspritzer, Turbolader
Kühlung	Flüssigkeitskühlung
Zylinder	6
Hubraum	5.275 ccm
Nenndrehzahl	2.100 U/min
Leistung	150 PS
Gänge	12V 6R
Gewicht	5.275 kg
Länge	4.670 mm
Höhe	2.875 mm
Radstand	2.720 mm

Ab 1981 bekam der Super 1500 TVL von Schlüter ein anderes Getriebe. Nun war es möglich, statt wie bisher nur 30 Stundenkilometer Höchstgeschwindigkeit zu fahren, den Traktor auf der Straße auf bis zu 40 Stundenkilometer zu beschleunigen. Das war bei weiten Anfahrtswegen und langen Transportfahrten ein deutlicher Vorteil.

schmiede. Bei seinen Großtraktoren setzte Schlüter konsequent auf den Allradantrieb. Die Lenkung wurde deshalb stets hydraulisch unterstützt. Die eingebaute Turbokupplung stammte von Voith.

Ausstattung: Ein Prunkstück dieses Schleppers war die Super-Silence-Großraumkabine. Sie war nicht nur ungewöhnlich geräumig, sondern gehörte auch zu den leisesten Fahrerkabinen der Branche. Besonders geglückt waren die großen Fensterfronten und die Rundumverglasung, die dem Fahrer eine perfekte Sicht auf den Arbeitsbereich gestatteten. Diese Kabine wurde in den folgenden Jahren noch mehrfach optimiert. Das kantige Design versprach das, was der Traktor hielt: ungebändigte Kraft aus einem Sechszylinder-Aggregat und hohe Leistungsbereitschaft.

Wem die Standardausstattung nicht genügen wollte, der konnte sich sein persönliches Exemplar unter anderem mit einer Rückfahreinrichtung, einem Kriechgang- oder sogar einem Superkriechganggetriebe, später auch einem Schnellganggetriebe mit zunächst 40, dann 50 Stundenkilometern, einem Zusatzhubzylinder oder einem Frontkraftheber mit Frontzapfwelle ausliefern lassen. ◂

Als 1972 der erste Super 1500 TVL vom Band lief, zeigte Schlüter der Konkurrenz, was es heißt, bärenstarke Traktoren zu bauen. Er gehörte damals in Europa zur absoluten Spitzenklasse.

Dieser Super 1500 TVL wurde 1981 gebaut. Das Sechszylinder-Aggregat leistete bei ihm bereits 150 PS. Die Traktoren der Super-Reihe hatten die Super-Silence-Großraumkabine, die hydraulisch gekippt werden konnte. Darin war zu einer Zeit angenehmes Arbeiten möglich, als viele Traktoren noch auf eine Kabine verzichten mussten.

Die bullige Frontpartie, die ein bisschen an einen Ameisenbär erinnerte, war das Kennzeichen des Favorit 626 LS. Im Inneren seiner Kabine fand der Landwirt einen Komfort, wie man ihn sonst nur im Cockpit eines Lkw erwartete. Fendt wusste, dass sich so ein Fahrzeug nur bei langen Betriebszeiten rentiert.

Modelle: 1978 legte Fendt eine erneuerte Serie der Baureihe 600 auf, die sich technisch weiterentwickelt hatte. Bereits 1977 war der Favorit 614 LS mit 135 PS (später mit Leistungssteigerungen auf 145, 155 und 165 PS) vorgeschoben worden. 1978 folgten die Modelle Favorit 600 LS mit 85 PS (nur bis 1981 gebaut), 610 LS mit 95 PS und 611 LS mit 105 PS. Ein Jahr darauf folgte der Favorit 615 LS mit 150, später 180 und 185 PS, der es bis zum Ende der Produktion dieser Baureihe im Jahr 1993 schaffte. Der Favorit 612 LS wurde 1983 nachgeschoben und bekam 120, ab 1988 jedoch 145 PS Leistung. Die beiden echten Großtraktoren dieser Reihe waren aber der Favorit 622 LS aus dem Jahr 1980, bei dem kein MWM-, sondern ein MAN-Motor für den Antrieb zuständig war. Der sorgte mit 211 PS dafür, dass erstmals ein Fendt über 200 PS gekauft werden konnte. Ein

TECHNISCHE DATEN

Typ	Favorit 626 LS
Bauzeit	1981–1986
Motor	MAN D 2566 MTE
Verfahren	Direkteinspritzer, Turbolader
Kühlung	Flüssigkeitskühlung
Zylinder	6
Hubraum	11.413 ccm
Nenndrehzahl	2.200 U/min
Leistung	252 PS
Gänge	18V 6R oder 16/16 Wendegetriebe
Gewicht	9.565 kg
Länge	5.600 mm
Höhe	3.080 mm
Radstand	2.750 mm

Mit dem Favorit 622 LS hatte Fendt 1980 erstmals einen Traktor mit einer Leistung von mehr als 200 PS im Programm. Der bis 1982 gebaute Großtraktor wurde nur zwei Jahre lang produziert und erreichte eine Stückzahl von gerade mal elf Exemplaren. Der 11,4 Liter große Sechszylinder-Motor stammte von MAN.

Das kleinste Modell der 1978 eingeführten Baureihe 600 LS war der Favorit 611 LS, der es aber immer noch auf 105, später sogar 125 PS brachte. Bis 1993 wurde er produziert und gehörte damit zu den langlebigsten Modellen der Baureihe. Sein Sechszylinder-Motor stammte von MWM und hatte einen Hubraum von 6.240 Kubik.

Jahr später folgte der Favorit 626 LS, der mit sagenhaften 252 PS zum viel bestaunten Flaggschiff der Firma wurde.

Technik: Die Kabinen der Baureihe entsprachen höchsten Ansprüchen. Die Schlepper waren so konstruiert, dass der Motor möglichst niedrig lag, um den Schwerpunkt tief zu halten. Das Triebwerk bestand aus Sechszylinder-Motoren mit Turboladern, einer ölhydraulischen Strömungskupplung – der Turbomatik – und einem Vollsynchron-Feinstufengetriebe. Ab 1984 bekamen die Schlepper die neue Turbomatik E. Dabei war der Drehmomentwandler mit einer Wandlerüberbrückungskupplung ausgestattet, die ab einer bestimmten Drehzahl zwischen Motor und Getriebe eine mechanische Verbindung herstellte. Damit wurde der Leistungsverlust einer Hydraulikkupplung umgangen. ◂

Einer der größten in Europa gebauten Traktoren der 1980er-Jahre war der Favorit 626 LS. Er holte aus dem gleichen Motor wie dem des Favorit 622 LS stolze 252 PS. Damit zählt er selbst heute noch zu den Großschleppern. Damals allerdings waren die Käufer solcher Fahrzeuge handverlesen, genauer gesagt: 62.

Der MF 1505 hatte einen Motor, der auch bei Schulbussen, Motorbooten, schweren Lkw oder anderen Nutzfahrzeugen sehr gerne verwendet wurde. Hatte er im Massey-Ferguson-Knicklenker 185 PS, so konnte er mit Turbolader sogar bis zu 435 PS entwickeln. Die Kraftreserve des Caterpillar-Motors war enorm.

TECHNISCHE DATEN

Typ	MF 1505
Bauzeit	1975–1977
Motor	Caterpillar 3208
Verfahren	Direkteinspritzer
Kühlung	Flüssigkeitskühlung
Zylinder	8
Hubraum	10.420 ccm
Nenndrehzahl	2.800 U/min
Leistung	185 PS
Gänge	12V 4R
Gewicht	9.400 kg
Länge	6.200 mm
Höhe	3.330 mm
Radstand	3.050 mm

Geschichte: In Nordamerika war aufgrund der riesigen Ackerflächen der Einsatz großer Traktoren immer ein Antrieb für die Industrie gewesen, die passenden Fahrzeuge anzubieten. Massey Ferguson hatte bereits 1964 mit den ersten Modellen der 1000-Serie zwei schwere Traktoren mit Sechs- beziehungsweise Achtzylinder-Motoren ins Programm aufgenommen. 1971 bot man eine Allradvariante an, die sich jedoch in vieler Hinsicht von den 1000ern unterschied. Die Motoren stammten nicht mehr von Perkins, sondern Massey Ferguson entschied sich dazu, mächtige V8-Dieselmotoren von Caterpillar einzusetzen. Hinzu kam ein Zwölfgang-Schaltgetriebe mit vier Rückwärtsgängen.

Technik: Die beiden Modelle MF 1500 und MF 1800 wurden 1975 durch überarbeitete Versionen mit dem damals neuen, von Caterpillar in Zusammenarbeit mit Ford entwickelten Motor Caterpillar 3208 ausgestattet, der beim MF 1505 185, beim MF 1805 sogar 210 PS leistete; es waren also gleich viel PS angegeben wie bei den Vorgängern. Ein wichtiger Pluspunkt war die schallisolierte Fahrerkabine, die mit Heizung oder Klimaanlage ausgestattet werden konnte. ◂

Anders als die beiden großen Knicklenker der 1000er-Serie wurde der MF 1200 nicht in den USA, sondern im britischen Manchester produziert. Der Sechszylinder-Motor stammte von Perkins und leistete 105 PS. Der MF 1200 wurde von 1972 bis 1979 produziert und dann durch den MF 1250 ersetzt, der es auf 112 PS brachte.

Geschichte: 1968 wurde in Havre, Montana, der erste Big Bud gebaut. Der Big Bud HN-250 hatte einen Sechszylinder-Motor von Cummins, der 280 PS leistete, was damals ein exorbitanter Wert war. Aus dem Start-up-Unternehmen wurde die Northern Manufacturing Company, die in den folgenden Jahren mehrere andere Modelle ins Programm aufnahm. Die Stückzahl konnte sich naturgemäß nie groß nach oben entwickeln.

Modelle: Der berühmteste Big Bud war ein Einzelstück, das für den Einsatz auf Baumwollfeldern vorgesehen war. Dafür bekam der Big Bud 16V-747 einen V16-Motor mit sagenhaften 24.140 Kubikzentimeter Hubraum. Die Serienfertigung bestand jedoch aus Modellen mit 360, 400, 450 und 535 PS. 1980 kam es zur Einführung des 650 PS starken Big Bud 650/50. Doch 1982 musste die Firma aufgeben.

Ende: Drei Jahre später kaufte die Meissner Tractors Inc. die Rechte und begann wieder mit dem Bau von Big Buds. Das größte Modell war der Big Bud 740 mit 740 PS, der bis 1991 gebaut wurde. Sein aufgeladener Sechszylinder-Motor stammte vom Baumaschinenriesen Komatsu. 1991 wurde der Bau von Big Buds endgültig eingestellt. ◀

Der größte Traktor der Welt ist der Big Bud 16V-747, der ab Werk 980 PS leistete. Der Kraftstofftank fasste etwa 2.600 Liter. Damit er nicht zu schnell leer wurde, hatte sich der Besitzer dazu entschlossen, die Leistung auf 760 PS zu drosseln. Dieses Modell war eine Einzelanfertigung und wurde im Lauf der Jahre modernisiert.

Ein anderer Big Bud war das Modell 600/50, das immerhin noch 650 PS aufweisen konnte. Damit war er der drittgrößte dieser so unterschiedlichen Familie. Er wurde ab 1980 produziert. Unter seiner Motorhaube brummte ein V12-Motor von Detroit Diesel. Die Abmessungen des 16V-747 erreichte er allerdings lange nicht.

TECHNISCHE DATEN

Typ	Big Bud 16V-747
Bauzeit	1977
Motor	Detroit Diesel
Verfahren	Direkteinspritzer, 2 Turbolader, 2 Ladeluftkühler
Kühlung	Flüssigkeitskühlung
Zylinder	16
Hubraum	24.140 ccm
Nenndrehzahl	1.900 U/min
Leistung	760 PS (ursprünglich 980 PS)
Gänge	6V 1R
Gewicht	38.636 kg
Länge	8.230 mm
Höhe	4.270 mm
Radstand	5.950 mm

Lediglich ein Exemplar dieses Zwölfzylinder-Schleppers wurde gebaut. Er ging aus einer Bestellung hervor, die Schlüter aus dem damaligen Jugoslawien erreicht hatte. Doch weil der Staatschef Tito starb, wurde das Geschäft storniert, und Schlüter blieb auf dem 1978 gefertigten Einzelexemplar sitzen.

TECHNISCHE DATEN

Typ	Profi Trac 5000 TVL
Bauzeit	1978
Motor	MAN D 2542 MTE
Verfahren	Direkteinspritzer, 2 Turbolader, Ladeluftkühlung
Kühlung	Flüssigkeitskühlung
Zylinder	12
Hubraum	20.911 ccm
Nenndrehzahl	2.200 U/min
Leistung	500 PS
Gänge	8V 1R
Gewicht	18.000 kg
Länge	6.250 mm
Höhe	3.450 mm
Radstand	2.890 mm

Geschichte: Lange Jahre war dieser Traktor der stärkste Europas. Der Profi Trac 5000 TVL blieb eine Einzelanfertigung, weil ein Auftrag aus Jugoslawien geplatzt war. Fortan wurde er so etwas wie ein Maskottchen des bayerischen Traktorproduzenten und reiste zu Werbezwecken auf die verschiedensten Veranstaltungen. Diese Tradition setzt der Gigant noch heute mit seinem Erscheinen auf den Schlüter-Feldtagen fort.

Technik: Der V12-Motor wurde von MAN gebaut. Er hatte zwei Turbolader bekommen. Wie die anderen Modelle der Profi-Trac-Reihe hatte auch der Profi Trac 5000 TVL eine hydraulische Allradlenkung, wobei der Fahrer je nach Betriebssituation entscheiden konnte, ob er nur die Vorderräder oder alle vier Räder lenken wollte. Außerdem konnte er eine Hundeganglenkung aktivieren, also mit allen Rädern in dieselbe Richtung fahren. Die Höchstgeschwindigkeit auf der Straße lag bei 30 Stundenkilometern. Der Fahrer konnte dank zweier Zusatztanks 1.000 Liter Diesel mitführen, wodurch auch lange Arbeitseinsätze ohne lästiges Nachtanken möglich waren. ◂

Lange Jahre war der Profi Trac 5000 TVL ein Zugpferd, das die Massen bei den Schlüter-Tagen oder auf Landmaschinenausstellungen begeisterte. Allein der Hubraum des MAN-Triebwerks von 21 Litern sprengte damals alle Dimensionen, und eine Motorleistung von 500 PS lag für die meisten Bauern jenseits ihrer Vorstellungskraft.

Der österreichische Traktorbauer Steyr hatte 1982 einen Giganten geschaffen, der weit über alles bisher Dagewesene bei dieser Firma hinausging. Der Traktorgigant mit den auffallend kleinen Rädern hatte einen Motor mit 245 PS bekommen. Zwei Jahre später standen sogar 260 PS in den Fahrzeugpapieren.

Geschichte: Steyr hatte mit dem ebenfalls in Österreich ansässigen Landmaschinenproduzenten Pöttinger 1980 damit begonnen, eine besondere Traktorbauart zu entwickeln, die so etwas wie ein Geräteträger sein sollte. Zwei Jahre später war aus einer intensiven Entwicklungsarbeit heraus der Steyr 8300 entstanden, der mit einigen spektakulären Neuheiten aufwarten konnte.

Technik: Die entscheidende Idee dieses Schleppers war die umdrehbare Kabine, die es ermöglichte, das Heck des Fahrzeugs zur Vorderseite umzuwandeln. Der Vorteil lag darin, dass nun einige Geräte angebaut und eingesetzt werden konnten, die man beim Standardtraktor sonst nicht verwenden konnte, zum Beispiel eine Schneefräse, ein Mähdreschervorsatz oder ein Feldhäcksler. Neben der Nutzung der leistungsfähigen Heckhydraulik war auch eine gute Sicht möglich. Eine tolle Sache war zudem das stufenlose Getriebe. Der Fahrer konnte aus drei Leistungsbereichen wählen und dann fahren, ohne schalten zu müssen. Die Motorleistung war gigantisch und erreichte nach einer Überarbeitung sogar 260 PS. ◀

Man brauchte eine Treppe, um in die Kabine dieses Traktors zu gelangen. Der Steyr 8300 war ein intelligentes Fahrzeug, bei dem es auch möglich war, die Kabine samt Lenkung umzudrehen. So war das Arbeitsspektrum erweitert worden, zum Beispiel, indem man einen Mähdreschervorsatz anbaute.

TECHNISCHE DATEN

Typ	Steyr 8300
Bauzeit	1982–1987
Motor	Steyr WD 615.84
Verfahren	Direkteinspritzer, Turbolader
Kühlung	Flüssigkeitskühlung
Zylinder	6
Hubraum	9.726 ccm
Nenndrehzahl	2.400 U/min
Leistung	245 PS, ab 1983: 260 PS
Gänge	hydrostatisches Getriebe mit drei mechanischen Stufen
Gewicht	4.725 kg
Länge	4.575 mm, ab 1983: 4.560 mm
Höhe	3.240 mm, ab 1983: 3.290 mm
Radstand	2.400 mm

Lediglich 43 Exemplare des Super 2000 TVL Special wurden gebaut. Ein Besitzer solch eines faszinierenden Großschleppers hat somit eine echte Rarität auf seinem Hof stehen. Dank ihrer herausragenden Qualität kommt es nur selten vor, dass einer der Schlüter-Traktoren verschrottet wird.

Geschichte: Die Entwicklungsgeschichte des Super 2000 TVL Special geht auf das Jahr 1966 zurück, als Schlüter mit dem Super 1500 V erstmals ein Achtzylinder-Modell in Serie produzierte. Aus diesem Modell entstand nach einer Leistungssteigerung 1970 der Super 2000 TV. Auf diesen wiederum folgte 1975 die überarbeitete und verbesserte Version Super 2000 TVL. Ab 1981 wurde der Super 2000 TVL Special verkauft.

Technik: 200 PS leistete der hauseigene Achtzylinder-Reihenmotor bei diesem Modell. Diese Leistung bezog er aus einem Hubraum von 9,9 Litern. Der Allradschlepper hatte eine hydrostatische Lenkung und ein Zwölfgang-Getriebe von der Zahnradfabrik Friedrichshafen, das den Schlepper auf bis zu 41,5 Stundenkilometer katapultieren konnte. Wer etwas mehr investieren wollte, der konnte sich ein Getriebe mit 20 Vorwärts- und neun

TECHNISCHE DATEN

Typ	Super 2000 TVL Spezial
Bauzeit	1981–1984
Motor	Schlüter SDMT 112 W 8
Verfahren	Direkteinspritzer, Turbolader
Kühlung	Flüssigkeitskühlung
Zylinder	8
Hubraum	9.852 mm
Nenndrehzahl	2.000 U/min
Leistung	200 PS
Gänge	12V 5R oder 20V 9R
Gewicht	7.500 kg
Länge	5.000 mm
Höhe	2.920 mm
Radstand	2.650 mm

Beeindruckend an den Traktoren der Super-Reihe von Schlüter war die Super-Silence Großraumkabine, die dank Vollverglasung eine perfekte Übersicht bot. Sie war hydraulisch kippbar. Dieses Modell ist der Super 2000 TVL, der ab 1975 gebaut wurde und 185 PS leistete, also ebenso viel wie sein Nachfolger.

Mit seinen Standardtraktoren wie dem Super 2000 TVL Special schwang sich Schlüter in Deutschland zum Marktführer bei Großtraktoren auf. Lange Jahre war das Unternehmen aus Freising eine der Speerspitzen des technologischen Fortschritts nach dem Motto: „Schlepper von morgen für die Landwirtschaft von heute".

Rückwärtsgängen einbauen lassen. Der Standardkraftheber hatte eine Hubkraft von 6.200 Kilogramm, gegen Aufpreis gab es einen leistungsstärkeren, der 8.400 Kilogramm heben konnte. Der Wendekreis dieses Typs lag bei 10,6 Metern.

Erfolg: Die Nachfrage nach diesem Schlepper war – wie bei den anderen Modellen dieser Reihe – nicht besonders groß. Das lag vor allem daran, dass er für viele Landwirte in Mitteleuropa und ihre relativ kleinen landwirtschaftlichen Betriebe überdimensioniert war. Auf der anderen Seite spielte der Preis, den solch hohe Qualität kostete, eine wichtige Rolle. So wurden vom Super 2000 TVL Special nur 43 Exemplare produziert. ◂

Super hießen die Traktoren, und dieser Name war viel mehr als nur ein Marketing-Gag. Sie waren die erste Baureihe, die 1970 einen Turbolader bekam. Der Super 2000 TVL hatte einen Motor aus eigener Fertigung, der acht Zylinder besaß. 1966 hatte einer der ersten Super-Typen noch 38 PS.

Ein Sechszylinder-Motor mit einem Hubraum von 7,6 Litern war beim John Deere 4955 für den Antrieb zuständig. In der Standardausführung besaß das Modell 15 Vorwärts- und vier Rückwärtsgänge. Auf Wunsch war der Großschlepper jedoch auch mit einem Getriebe mit 16 Vorwärts- und sechs Rückwärtsgängen erhältlich.

TECHNISCHE DATEN

Typ	John Deere 4955
Bauzeit	1989–1992
Motor	John Deere 6466A
Verfahren	Direkteinspritzer, Turbolader, Ladeluftkühlung
Kühlung	Flüssigkeitskühlung
Zylinder	6
Hubraum	7.636 ccm
Nenndrehzahl	2.200 U/min
Leistung	230 PS
Gänge	15V 4R oder 16V 6R
Gewicht	8.645 kg
Länge	5.420 mm
Höhe	3.020 mm
Radstand	2.970 mm

Geschichte: Seit der Übernahme der Lanz-Werke in Mannheim produzierte der amerikanische Hersteller John Deere zunehmend die Schlepper der Mittelklasse in Deutschland. Das Werk in Waterloo, im amerikanischen Bundesstaat Iowa, spezialisierte sich dagegen auf den Bau von Großschleppern, die zum größten Teil für den amerikanischen Markt bestimmt waren, jedoch auch nach Kanada, Australien und andere Länder mit einer großflächigen Landwirtschaft exportiert wurden. 1989 begann in Waterloo der Bau der 55-Serie, mit der John Deere das Angebot in der oberen Leistungsklasse ausbaute. Die Großschlepper wurden der Öffentlichkeit zuerst auf einer Ausstellung in der kalifornischen Stadt Palm Springs präsentiert. Einige Monate später konnte man sie aber auch in Europa anlässlich der Landwirtschaftsmesse SIMA in Paris bewundern.

Modelle: Die Baureihe umfasste sechs Modelle, wobei drei mit einem Radstand von 2.680 Millimetern zu den „kleinen" 55-Schleppern zählten und drei mit einem Achsabstand von 2.970 Millimetern die großen Mitglieder der Baureihe darstellten. Das stärkste Modell war der 4955 mit einer Nennleistung von 230 PS. ◀

Zu den sogenannten „Schmalrahmen-Modellen" mit dem kürzeren Radstand gehörte der John Deere 4455. Der 180 PS starke Schlepper wurde außer in Waterloo auch in dem John-Deere-Werk im mexikanischen Saltillo hergestellt. Er stand sowohl mit Hinterrad- als auch mit Allradantrieb zur Verfügung.

Der John Deere 8870 fuhr meist mit Doppel- oder Drillingsbereifung. Dadurch konnte der Traktor über eine größere Fläche die enorme Motorleistung auf den Boden übertragen. Außerdem übte der 14,26 Tonnen schwere Traktor mit der großen Bereifung weniger Druck aus, was zur bodenschonenden Arbeit beitrug.

Geschichte: John Deere hatte bereits 1989 mit der Baureihe 60 einige Knicklenker der obersten Leistungsklasse vorgestellt. 1993 führte der Traktorhersteller mit dem springenden Hirsch im Logo vier neue Modelle, die als 70-Serie bezeichnet wurden, ein. Diese Giganten mit Knicklenkung übertrafen in Hinsicht auf die Motorleistung sogar noch die 60-Reihe. John Deere vermarktete sie als „Power-Plus-Traktoren", was angesichts der PS-Zahlen keine Übertreibung war. Als Zielgruppe galten auch bei dieser Baureihe in erster Linie die großen Farmen Nordamerikas. Aber durch den Fall des Eisernen Vorhangs in Europa stellte Osteuropa mit seinen weiten landwirtschaftlichen Flächen ebenfalls einen interessanten Markt für Großtraktoren dar.

Leistung: Mit dem stärksten Modell, dem 8970, erreichte John Deere sogar zum ersten Mal die 400-PS-Marke. Der Motor des 14,46 Tonnen schweren Großschleppers wurde von Cummins geliefert. Das zweitstärkste Mitglied der 70-Reihe war der 8870, dessen Sechszylinder-Motor aus der John-Deere-Produktion stammte. Mit seinem 10,14 Liter großen Hubraum schaffte das Dieselaggregat eine Leistung von 350 PS. ◂

TECHNISCHE DATEN

Typ	John Deere 8870
Bauzeit	1993–1996
Motor	John Deere 6101
Verfahren	Direkteinspritzer, Turbolader, Ladeluftkühlung
Kühlung	Flüssigkeitskühlung
Zylinder	6
Hubraum	10.144 ccm
Nenndrehzahl	2.100 U/min
Leistung	350 PS
Gänge	12V 3R oder 24V 6R
Gewicht	14.260 kg
Länge	k. A.
Höhe	k. A.
Radstand	3.400 mm

Die großen Schlepper, wie der John Deere 8870, ermöglichten den Einsatz von Maschinen und Geräten mit einer enormen Arbeitsbreite. Dies half nicht nur Zeit, sondern auch Kraftstoff zu sparen. Der Einsatz der Großtraktoren sollte im Vergleich zu den kleineren Traktoren bei der Bearbeitung einer gleichen Fläche rentabler sein.

Mit seinen großen Reifen gab der John Deere 7800 ein beeindruckendes Bild ab. Der Schlepper war standardmäßig mit dem PowrQuad-Getriebe, das 16 Vorwärts- und zwölf Rückwärtsgänge bot, ausgestattet. Auf Wunsch war das Modell auch mit dem PowerShift-Getriebe zu haben. Diese Variante bot 19 Vorwärts- und sieben Rückwärtsgänge.

Modelle: Gleichzeitig mit der 70-Serie führte John Deere auch die 7000-Reihe ein. Während die Knicklenker die oberste Leistungsklasse repräsentierten, standen die Modelle der 7000-Reihe im Leistungsspektrum zwischen der Ober- und der Mittelklasse. Alle fünf Schlepper der Baureihe kamen aus dem John-Deere-Werk in Waterloo. Die drei stärksten Modelle gelangten bereits im Jahr 1992 auf den Markt. Die beiden kleineren folgten ein Jahr später.

Varianten: Das stärkste Modell der Baureihe war der 7800, dessen Sechszylinder-Motor eine Nennleistung von 170 PS bei einer Nenndrehzahl von 2100 Umdrehungen pro Minute leistete. Für den amerikanischen Markt wurden die 7000er-Schlepper neben der Allradausführung auch in einer Version mit Hinterradantrieb angeboten. In Europa, wohin die Baureihe ebenfalls exportiert wurde, war jedoch vor allem die Variante mit Vierradantrieb gefragt. Während sich in Europa die Kabine bei Traktoren dieser Größenklasse als Standard durchsetzte, waren die Schlepper in den USA auch mit offenem Fahrerstand zu bekommen. ◂

TECHNISCHE DATEN

Typ	John Deere 7800
Bauzeit	1992–1997
Motor	John Deere 6076
Verfahren	Direkteinspritzer, Turbolader, Ladeluftkühlung
Kühlung	Flüssigkeitskühlung
Zylinder	6
Hubraum	7.636 ccm
Nenndrehzahl	2.100 U/min
Leistung	170 PS
Gänge	19V 7R oder 16V 12R
Gewicht	6.590 kg
Länge	4.755 mm
Höhe	3.010 mm
Radstand	2.800 mm

Um das Übertragen von Motorvibrationen zu verhindern, war die Kabine des 7800 auf Gummielementen gelagert. Heizung und Klimaanlage sorgten für angenehmes Arbeiten. Zu einem ruhigen Fahren trug außerdem die Schalldämmung bei, die bei normaler Arbeit nur 72,5 dB(A) an die Ohren des Fahrers dringen ließ.

Modelle: Im Leistungsspektrum schloss die Baureihe 8000 oberhalb der 7000-Serie an. Die 1994 an den Start gefahrenen vier 8000-Modelle deckten den Bereich von 185 bis 260 PS ab. Sie waren anfangs mit dem John-Deere-Motor vom Typ 6076 ausgestattet. 1995 erhielten sie den ebenfalls von John Deere entwickelten moderneren und sparsameren PowerTech-Motor 6081. Die Nennleistung blieb gleich, allerdings arbeitete der Motor mit einem größeren Hubraum. Die Motoren aller Modelle verfügten standardmäßig über Turboladung und Ladeluftkühlung.

Varianten: 1997 erweiterte John Deere die 8000-Reihe um Varianten mit Bandlaufwerk. Alle vier Modelle waren von nun an wahlweise mit Rädern oder mit dem gefederten Raupenlaufwerk zu bekommen. Während die Radtraktoren auf der Straße eine Höchstgeschwindigkeit von 40 Stundenkilometern erreichen konnten, waren die 8000T-Schlepper nur 30 km/h schnell. Ihr Vorteil lag jedoch in der besseren Kraftübertragung auf schwierigem Gelände und beim geringeren Bodendruck, den die Bänder im Vergleich zu den Rädern erzeugten. ◀

Es waren vor allem schwere Zugarbeiten, für die der John Deere 8300 konzipiert war. Das PowerShift-Getriebe mit 16 Vorwärtsgängen gab dem Fahrer genügend Auswahl an Übersetzungen. Die niedrigste Geschwindigkeit bei Nenndrehzahl betrug 2,25 km/h. Als Höchstgeschwindigkeit wurden 40 Stundenkilometer angegeben.

Der John Deere 8300 war das zweitstärkste Modell der 8000-Reihe. Der Großschlepper konnte jedoch nicht nur eine hohe Zugkraft, sondern auch eine leistungsfähige Hydraulik vorweisen. Die maximale Förderleistung lag bei 114 Litern pro Minute. Der Heckkraftheber konnte annähernd neun Tonnen heben.

TECHNISCHE DATEN

Typ	John Deere 8300
Bauzeit	1994–1998
Motor	John Deere 6076, ab 1995: PowerTech 6081
Verfahren	Direkteinspritzer, Turbolader, Ladeluftkühlung
Kühlung	Flüssigkeitskühlung
Zylinder	6
Hubraum	7.636 ccm, ab 1995: 8.148 ccm
Nenndrehzahl	2.200 U/min
Leistung	230 PS
Gänge	16V 5R
Gewicht	9.420 kg
Länge	6.110 mm
Höhe	3.010 mm
Radstand	2.950 mm

Vom Favorit 818, der es auf 190 PS brachte, wurden bis 2002 1.528 Exemplare gebaut. Er hatte wie die anderen drei Typen ein Turboshift-Wendegetriebe, das in beide Fahrtrichtungen 44 Gänge aufwies. Der Allradantrieb war ebenso serienmäßig wie die Servolenkung oder ein elektronisches Fahrerinformationssystem.

Geschichte: 1993 ordnete Fendt sein Programm neu und führte als Ersatz für die angejahrte Baureihe Favorit 600 zwei neue Serien ein. Die Favorit 500 waren Vier- und Sechszylinder-Modelle zwischen 95 und 150 PS, die Baureihe Favorit 800 war die Spitzenklasse von Fendt mit 165 bis 230 PS. Die 800er bedeuteten gegenüber den Vorgängern einen enormen technischen Fortschritt. Vor allem der Einzug der Elektronik brachte viele Vorteile mit sich.

Technik: Die Motoren stammten von MAN und waren größer als die Sechszylinder vom MWM, die bei den Favorit 500 eingebaut waren. Ein Turboshift-Wendegetriebe bot dem Fahrer 44 Gänge in beide Richtungen an. Mit dem gegen Aufpreis erhältlichen Schnellgang waren bis zu 50 Stundenkilometer keine Hexerei mehr.

Ausstattung: Sehr angenehm war das integrierte Federungssystem der Baureihe. Die Kabine war federnd gelagert, die Vor-

TECHNISCHE DATEN

Typ	Favorit 824
Bauzeit	1993–2004
Motor	MAN D 0826 LE 523
Verfahren	Direkteinspritzer, Turbolader, Ladeluftkühlung
Kühlung	Flüssigkeitskühlung
Zylinder	6
Hubraum	6.871 ccm
Nenndrehzahl	2.200 U/min
Leistung	230 PS
Gänge	44/44 Wendegetriebe
Gewicht	7.800 kg
Länge	4.940 mm
Höhe	3.110 mm
Radstand	2.840 mm

Das stärkste Modell der Reihe war der Favorit 824, der eine Motorleistung von 230 PS besaß. Die Hubkraft des Heckkrafthebers lag bei 9.180 Kilogramm, womit er zum bisher stärksten Fendt-Schlepper wurde. Die ausgereifte Technik und der herausragende Fahrkomfort machten ihn zu einem echten Erfolgsmodell.

derachsfederung hydropneumatisch aufgebaut. Dank der automatischen Schwingungstilgung war ein ruhiges Fahren möglich, doch auch die Traktion wurde durch den ständigen Bodenkontakt der Reifen erhöht.

Erfolg: Dank der Öffnung des Ostens, in dem traditionell großflächige Landwirtschaft betrieben wurde, und dank des Strukturwandels in der deutschen Landwirtschaft, wo immer mehr Landwirte aufhörten und ihr Land an größere Betriebe verpachteten, waren starke Traktoren mehr denn je gefragt. So war es kein Wunder, dass der Favorit 824 das meistverkaufte der vier Modelle wurde. Auch bei vielen Lohnunternehmern war er die erste Wahl. Die waren in Deutschland eine wichtige Zielgruppe. ◂

Der Favorit 816 war mit 165 PS das kleinste der vier Modelle der neuen Baureihe 800. Auch er hatte aber noch einen Sechszylinder-Motor, den sich die Marktoberdorfer aus dem nahen Augsburg von MAN besorgten. Er hatte einen eindrucksvollen Drehmomentanstieg von 35 Prozent und einen Hubraum von 6,9 Litern.

2003 wurden die Modelle der Baureihe Favorit 800 langsam durch eine neue Generation ersetzt, die man auf den ersten Blick an der neuen, runden Haube erkennen konnte. Wichtigster Unterschied war aber das neue stufenlose Vario-Getriebe. Die 800er wurden jedoch bald in „Fendt 800" umbenannt.

Die 9100-Schlepper waren wie schon die Steiger-Traktoren, auf denen sie basierten, Knicklenker. Dieses Bild zeigt einen Case IH 9130 beim Transport von Zuckerrohr mit mehreren Anhängern in Kolumbien. Schwere Zugarbeiten stellten für den Schlepper kein Problem dar.

TECHNISCHE DATEN

Typ	Case IH 9150
Bauzeit	1987–1990
Motor	Cummins LTA-10
Verfahren	Direkteinspritzer, Turbolader, Ladeluftkühlung
Kühlung	Flüssigkeitskühlung
Zylinder	6
Hubraum	10.014 ccm
Nenndrehzahl	2.100 U/min
Leistung	280 PS
Gänge	12V 2R
Gewicht	9.410 kg
Länge	6.930 mm
Höhe	3.630 mm
Radstand	3.330 mm

Geschichte: 1985 vereinigten sich zwei große Namen der Traktorenbranche, nämlich Case und International Harvester, zu einer neuen Marke: Case IH. Die roten Case-IH-Traktoren spielten eine wichtige Rolle auf dem Schleppermarkt. Aber eine starke Präsenz im Bereich der Großtraktoren erlangten sie vor allem 1986 durch die Übernahme des finanziell angeschlagenen Großtraktorenherstellers Steiger.

Modelle: 1987 begann die neue Baureihe 9100 aus dem ehemaligen Steiger-Werk in Fargo, im Bundesstaat North Dakota, zu rollen. Die Schlepper waren Weiterentwicklungen der Steiger-Traktoren, trugen aber nun den Markennamen Case IH. Von den fünf Modellen bildete der 9110 mit seinen 200 PS im Leistungsbereich den Abschluss nach unten. Das stärkste Mitglied der Baureihe war der 9180 mit 375 PS Leistung. Der 9150 nahm mit seinen 280 PS den Mittelplatz ein. Der Motor wurde für die drei stärksten Modelle von Cummins geliefert. Unter den Hauben des 9110 und des 9120 arbeiteten dagegen Case-Generatoren. Alle Modelle besaßen das PowerShift-Getriebe mit zwölf Vorwärts- und zwei Rückwärtsgängen. ◂

Der Name Steiger war von den Motorhauben der Großtraktoren verschwunden. Aber aus dem Fargo-Werk kamen nun anstelle der grünen Steiger-Schlepper die roten Case-IH-Traktoren wie dieser 9150. Der gute Ruf der Steiger-Traktoren blieb den neuen Fargo-Schleppern erhalten, auch wenn sie nun in einer anderen Farbe erschienen.

Das stärkste Mitglied der 8900-Reihe war der 8950. Die starke Hydraulik ermöglichte den Einsatz großer Maschinen und ganzer Gerätekombinationen. Ein Frontkraftheber gehörte zur optionalen Ausstattung. 1999 wurde das Modell von der nächsten Magnum-Generation, dem Case IH MX270, abgelöst.

Geschichte: Während Case IH die Knicklenker in Fargo baute, wurden die großen Traktoren mit der herkömmlichen Achsschenkellenkung in dem Case-Werk in Racine, im amerikanischen Bundesstaat Wisconsin, hergestellt. Im Jahr 1997 begann in der Stadt am Michigansee, in der das Unternehmen Case seinen Ursprung hat, der Bau der 8900-Reihe, die außerdem als Magnum-Reihe bezeichnet wurde. Die gesamte Serie setzte sich aus den Modellen 8910, 8920, 8930, 8940 und 8950 mit einer an der Zapfwelle gemessenen Leistung von 147 bis 255 PS zusammen.

Ausstattung: Der Motor stammte von der Consolidated Diesel Corporation (CDC), einem Joint Venture zwischen Case IH und dem Motorenhersteller Cummins. Der Hubraum der Sechszylinder-Aggregate betrug 8,3 Liter. Für lange Arbeitseinsätze waren die Schlepper mit einem großen Tank ausgestattet. Im Fall des Case IH 8950 hatten 443 Liter Diesel Platz. Beim Getriebe konnte zwischen einer Version mit 18 Vorwärts- und vier Rückwärtsgängen und einer Variante mit 24 Vorwärts- und sechs Rückwärtsgängen gewählt werden. Die Baureihe 8900 befand sich bis 1998 in Produktion. ◂

TECHNISCHE DATEN

Typ	Case IH 8950
Bauzeit	1997–1998
Motor	CDC
Verfahren	Direkteinspritzer, Turbolader, Ladeluftkühlung
Kühlung	Flüssigkeitskühlung
Zylinder	6
Hubraum	8.300 ccm
Nenndrehzahl	2.200 U/min
Leistung	225 PS (an Zapfwelle)
Gänge	18V 4R oder 24V 6R
Gewicht	8.319 kg
Länge	k. A.
Höhe	k. A.
Radstand	3.000 mm

Der Case IH 8940 war das zweitstärkste Modell der 8900-Reihe. Die Zapfwellenleistung wurde mit 205 PS angegeben. Beim Nebraska-Test wurden über 230 PS an der Zapfwelle gemessen. Das Modell löste 1997 den Case IH 7240 ab. 1999 kam der Case IH MX240 als Nachfolger auf den Markt.

Die Käufer eines Modells der 8010-Reihe hatten die Wahl zwischen einem Schlepper mit normaler Bereifung und einer Ausführung mit Bandlaufwerk. Die meisten entschieden sich nach wie vor für die bereiften Exemplare, da diese kostengünstiger waren und auf den Straßen eine höhere Geschwindigkeit erreichen konnten.

Modelle: 1999 ersetzte John Deere die 8000-Reihe mit einer neuen Generation von Großschleppern. Die vier Modelle mit den Typennummern 8110, 8210, 8310 und 8410 unterschieden sich von den Vorgängern unter anderem durch die leichte Leistungssteigerung der Motoren. Von Anfang an standen bei dieser Baureihe neben den Vierradversionen auch die Ausführungen mit den Raupenlaufwerken zur Verfügung.

Ausstattung: Für den Antrieb war, wie schon bei den Vorgängern, der PowerTech-Motor 6081 zuständig. Der von der Baureihe abgedeckte Leistungsbereich reichte nun von 195 bis 270 PS. Auch das PowerShift-Getriebe mit den 16 Vorwärts- und fünf Rückwärtsgängen blieb gleich. In einigen Ländern wurde die 8010-Reihe jedoch mit anderen Getriebevarianten verkauft. Das Cockpit des Traktors mit der Bezeichnung „TechCenter" war komfortabler und ergonomischer eingerichtet als jemals zuvor. Ein Großteil der wichtigen Bedienelemente war rechts vom Fahrersitz auf einer Schaltkonsole zusammengefasst, sodass sie der Fahrer mit der rechten Hand leicht betätigen konnte. ◀

TECHNISCHE DATEN

Typ	John Deere 8410
Bauzeit	1999–2002
Motor	Johne Deere PowerTech 6081
Verfahren	Direkteinspritzer, Turbolader, Ladeluftkühlung
Kühlung	Flüssigkeitskühlung
Zylinder	6
Hubraum	8.148 ccm
Nenndrehzahl	2.200 U/min
Leistung	270 PS
Gänge	16V 5R
Gewicht	9.465 kg
Länge	5.250 mm
Höhe	3.010 mm
Radstand	2.950 mm

Die 8010-Reihe war für den Einsatz auf großen landwirtschaftlichen Flächen und für den Betrieb von schweren Maschinen konzipiert. Wer mit einer Maschine im Frontbereich arbeiten wollte, konnte einen Frontkraftheber als optionale Ausstattung erwerben.

Die 9000-Reihe war für Arbeiten mit den größten verfügbaren Geräten konzipiert. John Deere baute mit dieser Reihe seine Position auf dem Markt für Traktoren der obersten Leistungsklasse aus. Auf westeuropäischen Feldern waren die Ackerriesen kaum zu sehen, jedoch konnte man sie zunehmend im Osten Europas antreffen.

Modelle: Seit 1993 stellt die 70-Reihe die oberste Leistungsklasse der John-Deere-Traktoren dar. Ab 1996 rollten jedoch Giganten aus dem Waterloo-Werk, mit denen die 70-Modelle ersetzt wurden. Die neue 9000-Serie bestand aus vier Modellen im Leistungsbereich von 260 bis 425 PS. Mit dem stärksten Modell, dem 9400, wurde die 400-PS-Marke deutlich überschritten. Als Antrieb diente bei dieser Baureihe von Anfang an einer der in Waterloo entwickelten PowerTech-Motoren, der mit Turboladung und Ladeluftkühlung ausgestattet war. Eine Erweiterung der Baureihe erfolgte 1998 mit der Einführung von Raupenversionen der beiden stärksten Modelle, die als 9300T und 9400T bezeichnet wurden.

Ausstattung: Die Käufer der 9000-Modelle hatten mehrere Getriebe zur Auswahl. Das Syncro-Getriebe bot zwölf Vorwärts- und drei Rückwärtsgänge. 24 Vorwärts- und sechs Rückwärtsgänge besaß das PowrSync-Getriebe. In den USA waren die Großschlepper außerdem mit dem PowerShift-Getriebe, das zwölf Vorwärts- und zwei Rückwärtsgänge bot, zu haben. ◀

Der 9400 war ab 1996 das neue Flaggschiff der John-Deere-Traktoren. Der über 17 Tonnen wiegende, fast sieben Meter lange Gigant konnte eine Höchstgeschwindigkeit von 30 km/h erreichen. Der 975 Liter fassende Tank lieferte genügend Kraftstoff für lange Einsätze.

TECHNISCHE DATEN

Typ	John Deere 9400
Bauzeit	1996–2002
Motor	John Deere PowerTech 6125
Verfahren	Direkteinspritzer, Turbolader, Ladeluftkühlung
Kühlung	Flüssigkeitskühlung
Zylinder	6
Hubraum	12.549 ccm
Nenndrehzahl	2.100 U/min
Leistung	425 PS
Gänge	12V 3R oder 24V 6R
Gewicht	17.070 kg
Länge	6.960 mm
Höhe	3.490 mm
Radstand	3.500 mm

Das Arbeiten mit einem Pflug am Frontanbauraum ist nur mit einer starken Hydraulik möglich. Der Frontkraftheber des MF 8280 kann bis zu fünf Tonnen heben. Die Fördermenge der Hydraulik liegt in der Normalausführung bei 110 Litern pro Minute. Auf Wunsch ist eine Version mit 150 Litern pro Minute verfügbar.

Geschichte: Seit den Ausflügen in den Bereich der Knicklenker und einem kurzen Abstecher mit einem Schlepper, bei dem es sich eigentlich um eine rote Version eines White-Traktors gehandelt hatte, blieb das Engagement von Massey Ferguson im Bereich der Großtraktoren zurückhaltend. Dies änderte sich jedoch 1995 mit der Einführung der Baureihe 8100, deren stärkstes Modell die 200-PS-Marke erreichte. 1998 wurde die Serie um zwei neue Modelle, die 242 und 260 PS leisteten, nach oben erweitert.

Modelle: 1999 löste die 8200-Reihe die Modelle der Baureihe 8100 ab. Wie die Vorgänger wurden sie im französischen Beauvais hergestellt. Die neue Baureihe bestand aus sieben Modellen, von denen drei die 200-PS-Grenze überschritten, nämlich der MF 8250 mit 210 PS, der MF 8270 mit 230 PS und der MF 8280 mit 260 PS Nennleistung. Ebenso wie bei den Vorgängern war es ein Sechszylinder-Motor von Valmet, der für die Leistung zuständig war.
Varianten: 2002 bekamen die Schlepper der 8200-Reihe etwas stärkere Motoren.

TECHNISCHE DATEN

Typ	MF 8280
Bauzeit	1999–2002
Motor	Valmet 645 TCC Turbo
Verfahren	Direkteinspritzer, Turbolader, Ladeluftkühlung
Kühlung	Flüssigkeitskühlung
Zylinder	6
Hubraum	8.419 ccm
Nenndrehzahl	2.200 U/min
Leistung	260 PS
Gänge	18V 8R
Gewicht	9.750 kg
Länge	5.250 mm
Höhe	3.120 mm
Radstand	3.080 mm

Großpressen verlangen dem Traktor hohe Leistung an der Zapfwelle ab, die zum Beispiel beim MF 8280 mit 225 PS angegeben wird. Beim Nebraska-Test wurden 239,4 PS gemessen. Als Leistung an der Zugstange wurden 183 PS ermittelt. Die Zapfwelle arbeitet wahlweise mit 540 oder 1.000 U/min.

Sie wurden nun als 8200 Xtra bezeichnet. Beim 8280 Xtra betrug die Nennleistung 265 PS. Nach dem ISO-Verfahren wurde eine Leistung von 288 PS ermittelt. Weitere Änderungen, die mit der Xtra-Version eingeführt wurden, waren die Verwendung einer neuen Hinterachse und der Einbau einer stärkeren Vorderachse. Der Grund dafür war die Verwendung immer schwererer Maschinen. Besonders der Frontanbauraum hatte an Bedeutung gewonnen, was zu einer stärkeren Belastung der Vorderachse führte.

Der MF 8280 sorgte für Schlagzeilen, als er 2002 in Frankreich den Weltrekord im Pflügen brach. Er schaffte es, innerhalb von 24 Stunden 251,38 Hektar zu ackern. ◂

Dieses Modell der 8200-Reihe von Massey Ferguson arbeitet mit einem Feldhäcksler der Marke Hesston. Für diese Maschine ist der Massey-Ferguson-Schlepper jedoch übermotorisiert. Die 8200-Schlepper sind für Einsätze mit bedeutend größeren Maschinen konzipiert.

Dieser MF 8280 gewann 2002 den Weltrekord im Pflügen. Er war vorne mit einem vierscharigen und am Heck mit einem dreizehnscharigen Pflug von Grégoire Besson ausgestattet. Die Arbeitsbreite lag mit dieser Ausrüstung bei 8,5 Metern. Während des 24 Stunden dauernden Wettbewerbs fuhr der Traktor fast ununterbrochen.

Special: Systemschlepper

Zu Beginn der Entwicklung von Traktoren war die wichtigste Aufgabe der Einsatz als Zugmaschine und als Antriebsquelle für stationäre Maschinen. Die Ansprüche der Landwirte wuchsen im Laufe der Zeit in Hinsicht auf die Einsatzflexibilität. Angesichts der Vielzahl möglicher Einsatzformen mussten sich die Ingenieure Gedanken machen, wie man die Traktoren noch vielseitiger machen konnte. Mit der Einführung der Tragschlepper in den USA und nach dem Zweiten Weltkrieg in Deutschland war es möglich, nicht nur den Anbauraum am Heck zu nutzen, sondern auch Maschinen zwischen den Achsen anzubauen.

Unimog und Geräteträger

Eine interessante Sonderform hatten bereits einige nach dem Zweiten Weltkrieg arbeitslos gewordene Konstrukteure von

JCB – hier ein Fastrac 185 aus dem Jahr 1996 – war in den 1990ern der Gedanke gekommen, einen besonders schnellen Traktor zu entwickeln. Bis zu 80 Stundenkilometer erreichten die schnellsten Modelle. Doch die Fastracs, so der Name dieser Fahrzeuge, waren auch richtig stark.

Versatile baute Ende der 1970er-Jahre den seinerzeit mächtigsten Traktor der Welt. Der mit acht Rädern angetriebene Koloss hatte einen V12-Motor mit 19 Liter Hubraum bekommen, damit er eine Leistung von 600 PS erreichen konnte. Der Kraftstofftank fasste 2.100 Liter.

Der Unimog, nach dem Zweiten Weltkrieg entwickelt, war einer der ersten Systemschlepper. Das Allradfahrzeug konnte nicht nur alle möglichen landwirtschaftlichen Aufgaben übernehmen, sondern auch auf der Straße überzeugen. Im Bild zu sehen ist ein Unimog U 403, der ab 1966 produziert wurde.

Mercedes-Benz entwickelt. Sie bauten 1949 ein sogenanntes „Universales Motorgerät", das vorn und am Heck Arbeitsgeräte nutzen konnte und das hinter der Fahrerkabine, die über der Vorderachse lag, eine große Ladepritsche hatte. Vier gleich große Räder mit Allradantrieb und eine beachtliche Höchstgeschwindigkeit von 50 Stundenkilometern sorgten für eine optimale Fahrt im Gelände und auf der Straße. Dieses Fahrzeug wurde unter dem Namen Unimog bald weltberühmt. Eine andere Entwicklung waren die Geräteträger, eine besonders in Deutschland geschätzte Bauform, bei der der Motor direkt vor dem Fahrerstand eingebaut wurde, um auf das Vorderteil des Fahrzeugs eine Ladepritsche oder andere Geräte aufsetzen zu können. Ein Problem der Geräteträger war anfangs oft die mangelnde Motorleistung. Diese war hingegen ausreichend bei den Modellen vorhanden, die nach dem sogenannten Trac-Konzept entwickelt worden waren.

Die Tracs als Systemschlepper

Tracs zeichnen sich vor allem durch die vier gleich großen Räder aus. Außerdem waren ein Aufbauraum am Heck und ein Frontanbauraum wesentliche Merkmale. Anfang der 1970er-Jahre stellten mit Deutz und Mercedes-Benz gleich zwei Firmen solche neuartigen Traktoren vor. Der Intrac und der MB-trac erwiesen sich als äußerst vielseitige Fahrzeuge. Schlüter, Fendt und andere Hersteller boten bald eigene Konstruktionen an. Auch in Nordamerika und Osteuropa wurden solche Systemschlepper vorgestellt. Mit der Entwicklung immer stärkerer Standardtraktoren und einer immer besser werdenden Elektronik wurden die meist teureren Systemschlepper immer stärker in den Hintergrund gedrängt. ◄

Systemtraktoren zeichnen sich in der Regel durch vier gleich große Räder und Anbauräume vorn und am Heck aus. Außerdem haben sie meist vorn und/oder hinter der Kabine noch zusätzliche Aufbauräume, wie dieser Xylon von Fendt verdeutlicht.

Die MB-tracs waren vielseitig verwendbar. Dass sie auch beim Straßenbau erfolgreiche Arbeitshilfen waren, zeigt dieser MB-trac 1000. Alle drei Anbauräume werden hier voll ausgenutzt. Dieses Modell gehörte mit fast 7.000 gebauten Exemplaren zu den meistverkauften Traktoren der Marke mit dem Stern.

Geschichte: Mit den MB-tracs war Mercedes-Benz Anfang der 1970er-Jahre eine Maschine gelungen, die den vielen Landwirten unter den Mercedes-Kunden auch im Nutzfahrzeugbereich ein Angebot machen sollte. Der Unimog hatte ja bei vielen eher das Image eines Bundeswehr- oder Kommunalfahrzeugs. Nach der ersten Generation kamen 1982 verbesserte Modelle auf den Markt, die den steigenden Ansprüchen entsprechen sollten.

Ausstattung: Der MB-trac 1000 besaß einen 5,7 Liter großen Sechszylinder-Motor, der zunächst 95, ab der größeren Überarbeitung 1987 100 PS leistete. Das vollsynchronisierte Schaltgetriebe, das Mercedes-Benz selbst herstellte, ersetzte die alten Getriebe der ersten Modelle, die noch mehrere Schalthebel benötigten. Die Räder wurden durch eine hydraulische Vierrad-Scheibenbremse aus einer Spitzengeschwindigkeit von 40 Stundenkilometern zum Stehen gebracht. In der Sicherheitskabine fanden zwei Personen Platz. Sie war dreipunktgelagert und konnte nach hinten gekippt werden. ◂

TECHNISCHE DATEN

Typ	MB-trac 1000
Bauzeit	1982–1991
Motor	Mercedes-Benz OM 352, ab 1987: OM 366
Verfahren	Direkteinspritzer
Kühlung	Flüssigkeitskühlung
Zylinder	6
Hubraum	5.675 ccm, ab 1987: 5.958 ccm
Nenndrehzahl	2.400 U/min
Leistung	95 PS, ab 1987: 100 PS
Gänge	16V 8R
Gewicht	4.320 kg, ab 1987: 4.500 kg
Länge	4.480 mm, ab 1987: 4.450 mm
Höhe	2.860 mm, ab 1987: 2.870 mm
Radstand	2.600 mm

Dank des Allradantriebs war der MB-trac 1000 für die Pflugarbeit sehr gut gerüstet. Der Heckkraftheber hatte eine Hubkraft von 4.700 Kilogramm, am Frontkraftheber standen 2.000 Kilo zur Verfügung. Je nach Ausstattung war der Schlepper bis zu 40 Stundenkilometer schnell.

Die schwere Baureihe 443 der MB-tracs wurde ab 1974 produziert. Zu ihr gehörte auch der 125 PS starke MB-trac 1300, der 1976 zum ersten Mal verkauft wurde. Er hatte ein Zwölfgang-Wendegetriebe und erreichte bis zu 40 Stundenkilometer. Mercedes-Benz stellte 2.908 Exemplare her. Somit war er der meistverkaufte Schlepper der schweren Baureihe.

Geschichte: Zwar bei den Stückzahlen nicht so weit oben, dafür leistungsmäßig an der Spitze der Mercedes-Tracs standen die schweren Traktoren, die die interne Baureihenbezeichnung 443 trugen. 1974 war mit dem Modell 125/135 der erste Vertreter vorgestellt worden. Zwei Jahre später ging der MB-trac 1300 an den Start, der mit einer Leistung von 125 PS aufwartete. Auch dieses Modell hatte vier gleich große Räder, Allradantrieb und einen Aufbauraum hinter der Fahrerkabine. 1987 wurde dieses Modell durch den MB-trac 1300 turbo abgelöst, der allerdings ebenfalls 125 PS Leistung anbot.

Technik: Der MB-trac war mit einem Wendegetriebe ausgestattet, das zwölf Gänge in beide Richtungen aufwies. Anders als die früheren, mit Portalachsen ausgestatteten Modelle hatte der MB-trac 1300 Planetenachsen. Für die verschiedenen Anbaugeräte standen eine Heckzapfwelle und eine Frontzapfwelle zur Verfügung. Die Verarbeitung der in Gaggenau zusammengebauten Modelle entsprach den hohen Maßstäben von Mercedes-Benz. ◂

TECHNISCHE DATEN

Typ	MB-trac 1300
Bauzeit	1976–1987
Motor	Mercedes-Benz OM
Verfahren	352A Direkteinspritzer, Turbolader
Kühlung	Flüssigkeitskühlung
Zylinder	6
Hubraum	5.675 ccm
Nenndrehzahl	2.500 U/min
Leistung	125 PS
Gänge	12/12
Gewicht	5.880 kg
Länge	4.680 mm
Höhe	2.900 mm
Radstand	2.650 mm

Der MB-trac 1300 besaß einen Sechszylinder-Motor aus eigener Fertigung, der einen sechs Liter großen Hubraum besaß. Die Hubkraft am Heck lag bei 6.500 Kilogramm. Dank seiner 125 PS konnte er auch schwerere landwirtschaftliche Arbeitsgeräte wie diesen fünfscharigen Pflug problemlos über den Acker ziehen.

Der Motor des MB-trac 1600 turbo wurde von Mercedes-Benz auch beim Unimog und anderen Nutzfahrzeugen verwendet. Außerdem stammten viele Bauteile aus der Unimog-Produktion. Auf diese Weise war es möglich, die Herstellungskosten im Griff zu behalten. Dennoch kostete ein MB-trac 1600 turbo mit Agrarausstattung bereits 161.000 DM.

Geschichte: Ab 1987 war der MB-trac 1600 turbo das Flaggschiff der Systemtraktoren von Mercedes-Benz. Mit seinen 156 PS gehörte er zu den größten zu dieser Zeit in Deutschland hergestellten Traktoren. Genügend Arbeitsgeräte, mit denen er seine besondere Leistungsfähigkeit zu zeigen in der Lage war, waren auf dem Markt jedenfalls erhältlich.

Ausstattung: Der Motor war inzwischen auf einen Hubraum von annähernd sechs Litern gewachsen. Neben der ausgefeilten Antriebstechnik konnte auch die Sicherheitskabine gefallen, die an vier Punkten gelagert war und nach der Seite hin heruntergekippt werden konnte. Geräumigkeit und bequemes Ambiente dieser Kabine entsprachen bereits Standards, wie man sie sonst nur aus dem Lkw-Bau kannte. Sie hatte eine Klimaanlage und einen luftgefederten Fahrersitz.

Zu den Ausstattungsmöglichkeiten gehörten etwa eine Rückfahreinrichtung, Fronthydraulik oder eine elektronische Hubwerksregelung. Für den Anhängerbetrieb war eine Druckluftbremse integriert. ◀

TECHNISCHE DATEN

Typ	MB-trac 1600
Bauzeit	1987–1991
Motor	Mercedes-Benz OM 366 A
Verfahren	Direkteinspritzer, Turbolader
Kühlung	Flüssigkeitskühlung
Zylinder	6
Hubraum	5.958 ccm
Nenndrehzahl	2.400 U/min
Leistung	156 PS
Gänge	14/14
Gewicht	6.320 kg
Länge	4.680 mm
Höhe	2.930 mm
Radstand	2.650 mm

Die neue, ab 1987 verkaufte „Turbo"-Reihe der MB-tracs bekam mit dem MB-trac 1600 turbo ihr Flaggschiff. 156 PS leistete dieser Systemschlepper, dessen Sechszylinder-Motor aus der eigenen Produktion stammte. Das Wendegetriebe bot vierzehn Gänge in beide Richtungen, ein Kriechganggetriebe hatte weitere sieben Gänge.

Mit solchen Breitreifen sieht der MB-trac 1800 intercooler doppelt eindrucksvoll aus. Der letzte jemals gebaute MB-trac war ein solcher Typ. Er ist 1991 vom Band gelaufen. Die Verkaufszahlen waren den Managern nicht groß genug. Etwa 41.000 gebaute Exemplare waren es am Ende. Die meisten sind noch immer im Einsatz.

Leistung: Den Höhepunkt, aber gleichzeitig leider auch den Schlusspunkt der MB-tracs bildete der MB-trac 1800 intercooler aus dem Jahr 1990. Er wurde jedoch nur zwei Jahre lang produziert, denn 1991 entschieden die Verantwortlichen, diese Modellreihe der Systemtraktoren einzustellen. Technisch entsprach dieses Modell dem MB-trac 1600, Motor und Abmessungen waren identisch. Das Leistungsplus, das ihn auf 180 PS brachte, verdankte er seiner Ladeluftkühlung, die im Englischen als „intercooler" bezeichnet wird. Das ist der Grund für den Beinamen des Schleppers.

Geschichte: Von dem Flaggschiff der Systemtraktoren mit dem Stern wurden 190 Exemplare gebaut. Auch der letzte MB-trac, der je vom Band lief, war ein solcher Typ. Bei den Ausstattungsoptionen und dem serienmäßigen Zubehör entsprach der MB-trac 1800 intercooler seinem Vorgänger. Allerdings konnte der Kunde sich auch ein Sechzehngang-Wendegetriebe einbauen lassen. Wie bei den anderen MB-tracs wurden 40 km/h als Höchstgeschwindigkeit angegeben. Doch viele Besitzer erreichen heute, zum Teil mit kleinen Manipulationen am Motor, deutlich höhere Geschwindigkeiten. ◂

Dieses Bild zeigt den MB-trac 1800 intercooler bei einem „Familientreffen", zu dem er die kleineren Brüder MB-trac 1000 und MB-trac 1300 mitgebracht hat. Der 1800er hatte als einziges Modell einen Motor mit Ladeluftkühlung, womit er eine bedeutende Leistungserhöhung erfahren hatte.

TECHNISCHE DATEN

Typ	MB-trac 1800 intercooler
Bauzeit	1990–1991
Motor	Mercedes-Benz OM 366 LA
Verfahren	Direkteinspritzer, Turbolader, Ladeluftkühlung
Kühlung	Flüssigkeitskühlung
Zylinder	6
Hubraum	5.958 ccm
Nenndrehzahl	2.400 U/min
Leistung	180 PS
Gänge	14/14 oder 16/16
Gewicht	6.350 kg
Länge	4.680 mm
Höhe	2.930 mm
Radstand	2.650 mm

Mit den Super Tracs hat Schlüter Allradtraktoren mit vier gleich großen Rädern auf den Markt gebracht, die zwar für Furore sorgten, was sich aber nicht in den Absatzzahlen widerspiegelte. Dieses Exemplar ist ein Super Trac 2000 TVL mit einer Motorleistung von 185 PS und einer Spitzengeschwindigkeit von 40 km/h.

TECHNISCHE DATEN

Typ	Super Trac 2000 TVL
Bauzeit	1981–1987
Motor	Schlüter SDMT 112 W 8
Verfahren	Direkteinspritzer, Turbolader
Kühlung	Flüssigkeitskühlung
Zylinder	8
Hubraum	9.852 mm
Nenndrehzahl	2.000 U/min
Leistung	200 PS
Gänge	12V 5R oder 20V 9R
Gewicht	8.000 kg
Länge	5.890 mm
Höhe	3.190 mm
Radstand	2.950 mm

Geschichte: 1980 stellte die bayerische Traktorschmiede Schlüter eine neue Baureihe vor, die nach dem Trac-Konzept konstruiert war und mit vier gleich großen Rädern, Allradantrieb und einem sehr starken Motor ausgestattet wurde. Auf einen hinteren Aufbauraum wurde verzichtet. Schlüter stellte in der dreizehn Jahre langen Bauzeit eine Vielzahl verschiedener Typen vor, die sich jedoch nicht sehr stark voneinander unterschieden. In der Regel wurden eigene Motoren verbaut, es kam jedoch teilweise auch zur Verwendung von MAN-Motoren. Doch was Qualität und Stückzahl anging, entwickelte sich die oberbayerische Traditionsfirma immer mehr zum Bentley der Schlepperszene. Insgesamt wurden lediglich 220 Exemplare produziert. 1990 musste die eigene Motorenfertigung ein-

Der Super Trac 2200 TVL ist eine Rarität, denn nur eine Handvoll verließ ab 1988 das Schlüter-Werk als Nachfolger des Super Trac 2000 TVL. Der Hubraum des Achtzylinder-Motors hatte eine Größe von 9.852 Kubikzentimetern. Drei Exemplare wurden nicht mit einem Schlüter-Motor, sondern einem Aggregat von Liebherr ausgeliefert.

gestellt werden, weshalb man auf andere Hersteller angewiesen war.

Technik: Super Tracs hatten entweder Achtzylinder- oder Sechszylinder-Motoren. Die Sechszylinder besaßen einen Hubraum von 7,4 Litern, die Achtzylinder von 9,9 Litern. Die kleinsten Modelle hatten nur 130, die größten wiesen hingegen 280 PS auf. Das Getriebe stammte von ZF aus Friedrichshafen. Die Hinterachse war – anders als beim Profi Trac – nicht lenkbar. In der Standardausführung erreichten die Fahrzeuge eine Geschwindigkeit von 30 Stundenkilometern; mit einem optionalen Schnellgang brachten sie es jedoch auf 40 Kilometer in der Stunde. Diese Baureihe erlebte auch noch die Einstellung der Traktorenproduktion bei Schlüter im Jahr 1993 mit. ◀

Zu den späteren Exemplaren der Super-Trac-Serie von Schlüter gehört dieser Super Trac 1900 TVL-LS aus dem Jahr 1990. Er hatte den Schlüter-Sechszylindermotor SDMT 112 W 6 LLK mit 185 PS und einem Hubraum von 7.389 Kubikzentimetern. In diesem Jahr endete die eigene Motorenfertigung bei Schlüter.

Schlüter hatte sich bei der Konstruktion der Super-Trac-Serie die Systemschlepper zum Vorbild genommen. Sie nahm zwischen den Profi Tracs und den Compact-Modellen zusammen mit den Super-Standardschleppern die mittlere Position im Programmgefüge ein. Doch es handelte sich um echte Großtraktoren mit Leistungen über 180 PS.

Das stärkste Modell der zum Ende des 20. Jahrhunderts gebauten Reihe 9082 war der Versatile 9882, der eine Leistung von 425 PS aufweisen konnte. Der Kraftstofftank dieses Giganten fasste über 920 Liter, die maximale Zugkraft lag bei fast 20 Tonnen.

TECHNISCHE DATEN

Typ	Versatile 9682
Bauzeit	1996–2000
Motor	Cummins N14
Verfahren	Turbolader, Ladeluftkühlung
Kühlung	Flüssigkeitskühlung
Zylinder	6
Hubraum	14 Liter
Nenndrehzahl	2.100 U/min
Leistung	360 PS
Gänge	12V 4R
Gewicht	14.453 kg
Länge	6.750 mm
Höhe	3.720 mm
Radstand	3.370 mm

Geschichte: Versatile war einst ein eigenständiger Hersteller von Großtraktoren gewesen. 1987 wurde die Firma von Ford aufgekauft und landete deshalb nach Übernahme der Ford-Landtechniksparte durch Fiat 1991 bei New Holland, wie das Unternehmen schließlich hieß. Aus dieser Zeit stammten die Modelle der Reihe Versatile 9082, die im Stammwerk von Versatile in Winnipeg produziert wurden. Vier Modelle wurden angeboten. Das kleinste war der 9282 mit 260 PS, das größte der 9882 mit 425 PS. Bei diesen Modellen handelte es sich um Allradtraktoren mit vier gleich großen Rädern, die eingesetzt werden, um riesige Gerätekombinationen zu ziehen. Wegen ihres hohen Gewichts operierten die Traktoren meist mit Zwillingsbereifung, doch der Farmer konnte auch eine Drillingsbereifung aufziehen, um den Bodendruck noch weiter zu verringern.

Technik: Der hubraumstarke Sechszylinder-Motor der Baureihe stammte von Cummins. Das Getriebe wies zwölf Vorwärts- und vier Rückwärtsgänge auf. Dabei hatte es drei Schaltgruppen, die jeweils synchronisiert waren. Ganz entsprach das Getriebe jedoch noch nicht der Spitzentechnik, vor allem beim Wechsel der Schaltgruppen. Auch die Höchstgeschwindigkeit von 27,5 Stundenkilometern war nicht unbedingt überzeugend. ◂

Der Versatile 9682 von New Holland leistete 360 PS. Seine beeindruckende Stärke wurde ein wenig durch das etwas veraltete Getriebe getrübt. Der in Winnipeg/Kanada gebaute Allradschlepper hatte eine Servolenkung und eine Fahrerkabine mit Klimaanlage.

Der Valtra XM ist aus der Standard-Reihe M entstanden. Abgesehen von den konstruktiv bedingten Veränderungen durch die Knicklenkung sind beide Modelle weitgehend identisch. 2007 wurde die Produktion der beiden Typen XM130 und XM150 eingestellt. Sie liefen somit ein Jahr länger als die Standardvariante.

Geschichte: Valtra brachte 2003 eine Variante der Baureihe M auf den Markt, die sich dadurch unterschied, dass sie eine Knicklenkung besaß. Das ganze Vorderteil des Traktors bewegte sich also zusammen mit der Vorderachse in die angelenkte Fahrtrichtung. Diese Technik wird besonders bei kompakten und sehr großen Schleppern gern genutzt. Valtra hatte neben der größeren Wendigkeit auch gemerkt, dass die Geräuschentwicklung in der Kabine durch die getrennte Bauweise einiges niedriger war.

Technik: Die Motoren der neuen XM-Serie, die aus den beiden Modellen XM130 und XM150 bestand, waren elektronisch gesteuert und hatten Visco-Lüfter. Das Powershift-Wendegetriebe wies 36 Gänge in beide Richtungen auf. Es konnte zum Beispiel so programmiert werden, dass es die LS-Stufen automatisch schaltete.

Einsatz: Vor allem dort, wo es eng zugeht, so etwa auf dem Hof oder im Wald, war der Knicklenker besonders gut geeignet. Allerdings war die Gewichtsverteilung des M-Schleppers etwas problematisch, weshalb er im Jahr 2006 bereits wieder aus dem Programm genommen wurde. Der XM wurde noch ein Jahr länger produziert. ◂

Durch die Knicklenkung kann der Valtra XM150 seine besonders große Wendigkeit ausspielen. Sein Wenderadius liegt – abhängig von der Bereifung – bei gerade mal 4,5 Metern. Interessant wird das unter anderem bei Frontladerarbeiten auf engem Raum, aber natürlich auch auf dem Acker.

TECHNISCHE DATEN

Typ	XM150
Bauzeit	2003–2007
Motor	Sisu Diesel 44EWA
Verfahren	Turbolader, Ladeluftkühlung
Kühlung	Flüssigkeitskühlung
Zylinder	4
Hubraum	4.399 ccm
Nenndrehzahl	2.200 U/min
Leistung	150 PS
Gänge	36/36 Wendegetriebe
Gewicht	6.150 kg
Länge	5.220 mm
Höhe	3.000 mm
Radstand	2.880 mm

Wie ein Zwerg kommt man sich neben dem Profi Gigant vor. Das Beleuchtungssystem besteht aus zehn Xenon-Arbeitsscheinwerfern und vier Xenon-Hauptscheinwerfern. Hinzu kommen noch zwölf LED-Leuchten als Begrenzungslichter sowie Blinker, Rückleuchten und sechs Xenon-Warnblinkleuchten.

Geschichte: Als er 1973 in Freising fertiggestellt wurde, konnte niemand ahnen, dass dieser Profi Trac 3000 später nicht nur zu einem Profi Trac 3500, sondern zwischen 2004 und 2008 sogar in mühevoller Handarbeit zu einem faszinierenden Einzelstück umgebaut werden sollte – und sich mit dem Titel des stärksten europäischen Traktors schmücken konnte. Ganze 4.000 Arbeitsstunden waren nötig, den Profi Gigant auf eigene Beine oder besser acht Reifen zu stellen. Im Jahr

TECHNISCHE DATEN

Typ	Profi Gigant
Bauzeit	Umbau 2004–2008
Motor	MAN Reihenmotor
Verfahren	Turbolader, Ladeluftkühlung
Kühlung	Flüssigkeitskühlung
Zylinder	6
Hubraum	12.500 ccm
Nenndrehzahl	2.200 U/min
Leistung	650 PS
Gänge	32V 8R
Gewicht	20.000 kg
Länge	7.120 mm
Höhe	3.750 mm
Radstand	3.500 mm

Für den Profi Gigant ist auch der größte Pflug der Welt von der französischen Firma Grégoire Besson keine besondere Herausforderung. Der Sechszylinder-Motor des größten europäischen Traktors leistet stolze 650 PS. Die eindrucksvolle Kraft zieht er aus 12,5 Liter Hubraum.

2008 zeigte er sich zum ersten Mal in der Öffentlichkeit.
Technik: Der Sechszylinder-Reihenmotor von MAN, der auch im Schiffsbau Verwendung findet, wurde auf 650 PS gebracht. Der Maximalverbrauch liegt bei 226 Gramm pro Kilowattstunde. Im Kraftstofftank ist Platz für 1.100 Liter Diesel. Auf der Straße ist der Schleppergigant bis zu 42 Stundenkilometer schnell unterwegs. Das Getriebe stammt von der Zahnradfabrik Friedrichshafen, es ist ein Typ WSK 400 16S 221.
Ausstattung: In der Kabine wurde mit klassischer Palisander-Vertäfelung gearbeitet. Joysticks und anderer moderner Schnickschnack sind in diesem Cockpit nicht zu finden, wohl aber ein bequemer Cramer Maximo Evolution, ein luftgefederter Fahrersitz. Die Michelin-Reifen sind vom Typ Xeobib VR 710/60 R42. Mit der gezeigten Zwillingsbereifung kommt der Profi Gigant auf eine Breite von 4,8 Metern. Der Umbau hat viele Gegner auf den Plan gerufen, die lieber das Original im restaurierten Zustand gesehen hätten, doch wo wäre dann der Aha-Effekt? Europas stärkster Traktor wäre nie entstanden. Und das wäre angesichts dieser Bilder jammerschade. ◀

Grundlage des privaten Umbaus war ein Schlüter Profi Trac 3000, der 1973 die Werkshallen in Freising verlassen hatte. Zu den maßgeblichen Neuerungen gehören eine moderne Klimaanlage der Firma Waeco und vier Kameras, mit denen man das Umfeld beobachten kann, denn auf einem Bildschirm sieht man alle vier Bereiche.

Spezialisten des Ackers

Neue Namen und Herausforderungen

Die Landtechnikbranche erfuhr nicht nur in technischer Hinsicht einen enormen Wandel, sondern auch auf Unternehmensebene. Viele bekannte Firmennamen verschwanden oder existieren nur noch als Marken. Manche Unternehmen fusionierten oder wurden Teil eines großen Konzerns. Wenige überstanden die turbulenten Zeiten unbeschadet. Vor allem die Achtzigerjahre veränderten die Landtechnikbranche grundlegend. Einst weltweit tätige, in vielen Ländern produzierende Konzerne wie International Harvester und Massey Ferguson standen vor dem Ruin und konnten nur knapp vor dem Abgrund gerettet werden. Selbst der einst so bedeutende Großtraktorenhersteller Steiger, der 1974 in Fargo, im amerikanischen Bundessaat North Dakota, ein modernes Werk errichtet hatte, musste im Jahr 1986 den Gläubigerschutz beantragen.

John Deere ist heute der weltweit größte Traktorenproduzent. Die grünen Schlepper sind auch im obersten Leistungssegment vertreten.

Krise und Fusion

Doch aus der Farm-Krise, wie die Rezession in der Landtechnikbranche auch genannt wurde, gingen neue Global Player hervor. Aus der Landtechnikbranche von International Harvester und Case entstand 1985 Case IH, und das Steiger-Werk ging ein Jahr später in den Besitz von Case IH über.

Der Name Steiger, der wie sonst keine andere Marke für Traktoren der obersten Leistungsklasse gestanden hatte, verschwand für einige Zeit von den Motorhauben der großen Knicklenker, die aus dem ehemaligen Steiger-Werk von nun an mit rotem Lack und der Aufschrift Case IH rollten. Firmenintern sprach man nur noch von den Fargo-Traktoren. Aber Steiger hatte sich unter den nordamerikanischen Farmern einen zu guten Ruf erworben, als dass man den Namen einfach in Vergessenheit geraten lassen könnte. Deshalb tauchte mit der STX-Reihe – zunächst in einer bescheidenen Größe – wieder der Schriftzug Steiger auf dem Kühlergrill der Fargo-Schlepper auf. Von nun an gewann die Marke erneut an Gewicht.

Wie ein Fels in der Brandung wirkte dagegen John Deere. Der Hersteller mit dem Hirsch im Logo, dessen Zentrale in Moline, im Bundesstaat Illinois, liegt, gehört zu den wenigen großen Unternehmen der Landtechnikbranche, die die wirtschaftlich wechselhaften Zeiten ohne Verlust der Unabhängigkeit und ohne größere Zukäufe überstanden haben. John Deere ging aus den Turbulenzen sogar als größter Traktorhersteller der Welt hervor.

Ein neuer Name, der auftauchte, war AGCO. Das Unternehmen entstand 1990 aus dem amerikanischen KHD-Ableger und erwarb solch bekannte Marken wie Massey Ferguson, Fendt, Valtra und Challenger. Auch New Holland erschien

Ein John Deere 9400T bei der Feldarbeit. Möglichst schnell an den Einsatzort zu gelangen, wurde für Landwirte und Lohnunternehmer immer wichtiger.

als Traktorenhersteller erst in den Neunzigerjahren nach der Übernahme der Ford-Landtechniksparte durch Fiat. Die New-Holland-Schlepper sind zwar mit Ford-Blau angestrichen, gehören aber zum Fiat-Konzern.

Geschwindigkeit zählt

Die Traktoren wurden immer größer und stärker, aber auch ein anderer Punkt gewann an Bedeutung: die Geschwindigkeit. Zeit bedeutet auch in der Landwirtschaft Geld. Das Sterben der kleinen Höfe begann in Europa nach dem Zweiten Weltkrieg und hält seitdem an. Was übrig bleibt, sind die großen Betriebe mit aufgekauften oder hinzugepachteten Flächen. Die Traktoren müssen deswegen immer größere Strecken zurücklegen, um an den Einsatzort zu gelangen.

Aber die Geschwindigkeit spielt natürlich mehr noch für die Lohnunternehmer, die Hauptabnehmer von großen Maschinen im Westen Europas, eine wichtige Rolle. Sie müssen oft noch bedeutend weiter fahren, um zum Kunden zu gelangen. Kein Wunder, wenn der Blick ungeduldig zur Geschwindigkeitsanzeige geht.

Es waren jedoch nicht die großen Traktorhersteller, die feststellten, dass ein Schlepper ungefähr 70 Prozent seiner Einsatzzeit auf der Straße verbrachte, und die daraus schlossen, dass hier eine bedeutende Marktlücke bestand, sondern der britische Baumaschinenunternehmer Joseph Cyril Bamford. Nicht nur die Traktorhersteller, auch die Fachpresse war überrascht, als 1990 die ersten JCB-Traktoren auf der Straße auftauchten und Geschwindigkeiten erreichten, die man vorher bei Schleppern nicht gekannt hatte.

Die anderen Unternehmen zogen nach. Selbst bei Fendt lag die Höchstgeschwindigkeit der Schlepper bis Anfang der 90er-Jahre bei 40 km/h. Ab 1993 waren auf Wunsch 50 Stundenkilometer möglich. Das 2006 erschienene Fendt-Flaggschiff 936 Vario konnte schließlich sogar 60 km/h erreichen. Ähnlich verhielt es sich mit anderen Schlepperproduzenten. Bei Deutz-Fahr wurden mit der Jahrtausendwende 50 Stundenkilometer Höchstgeschwindigkeit zum Standard. Es wurde zunehmend offensichtlich, dass Traktoren nicht nur stark sein, sondern auch schnell an ihren Einsatzort gelangen sollten. ◂

Das Motto „Zeit ist Geld" gilt auch in der Landwirtschaft. Dieser Fendt der 900-Vario-Reihe verrichtet seine Arbeit mit einer Geschwindigkeit, von der man früher nicht zu träumen wagte.

Ein Systemtraktor der Superlative ist der Claas Xerion, der eine hohe Leistungsstärke mit einer großen Flexibilität verbindet.

Für Pflegeeinsätze wird bei dem über zehn Tonnen schweren S352 der S-Serie von Valtra gerne eine Zwillingsbereifung aufgezogen, die den Bodendruck vermindert und ihn auf diese Weise schont. Weil der Traktor damit noch wuchtiger aussieht, ist diese Kleiderordnung auch bei Fototerminen sehr beliebt.

TECHNISCHE DATEN

Typ	S352
Bauzeit	ab 2009
Motor	AGCO Sisu Power 8.4CTA-4
Verfahren	Common-Rail-Hochdruckeinspritzung, Turbolader, Ladeluftkühlung
Kühlung	Flüssigkeitskühlung
Zylinder	6
Hubraum	8.400 ccm
Nenndrehzahl	2.200 U/min
Leistung	340 PS (ISO 14396)
Gänge	stufenlos
Gewicht	10.500 kg
Länge	4.745 mm
Höhe	3.380 mm
Radstand	3.105 mm

Geschichte: Die S-Reihe von Valtra, welche die oberste Leistungsklasse des finnischen Traktorbauers vertritt, wurde schon 2001 eingeführt. Doch seitdem hat sich einiges verändert. Gegen Ende des Jahrzehnts wurde eine neue Generation der S-Serie vorgestellt, die durch eine Vielzahl an Neuerungen überzeugt. Das Fahrgestell wurde ebenso neu konstruiert wie die Achsen. Auch die Kabine wurde weiter verbessert. Sie ist an vier Punkten hydropneumatisch abgefedert. Es gibt die Modelle S232, S262, S292, S322 und S352 mit maximaler Leistung zwischen 270 und 370 PS.

Ausstattung: Waren früher Wendegetriebe verbaut, so verwendet Valtra nun stufenlose Getriebe. Interessante Optionen sind die Rückfahreinrichtung „Twintrac“ oder die Lenkunterstützung „Quick-Steer“, die es dem Fahrer ermöglicht, den Lenkeinschlag der Räder an die Umdre-

Die Traktoren der Serie S der neuen Generation haben ein stufenloses AVT-Getriebe, das in zwei Fahrbereichen arbeitet: der eine im Bereich zwischen 0,02 und 28 Stundenkilometern, der andere zwischen 0,02 und der Spitzengeschwindigkeit von 50 km/h. Früher hatten sie ein 40/40-Gang-Wendegetriebe.

hungen des Lenkrads anzupassen. Wer es lieber bequemer mag, der kann sich die halbaktive Kabinenfederung „AutoComfort“ integrieren lassen. Sie passt den Federungsbedarf während der Fahrt an den Untergrund selbstständig an.

Technik: Die SCR-Motortechnologie, die Sisu unter dem Dach des Agrarkonzerns AGCO entwickelt hat, macht die Motoren bereits TIER-IIIB-tauglich. Berechnungen haben ergeben, dass mit diesem System ein fünf Prozent niedrigerer Kraftstoffverbrauch erreicht wird. Serienmäßig ist auch eine Motorvorwärmung vorgesehen. Ein interessantes Feature ist die externe Betätigung der Zapfwelle, des Hubwerks und eines Zusatzsteuerventils am Fahrzeugheck. Gegen Aufpreis stehen neben den vier vorhandenen zwei zusätzliche Steuergeräte zur Verfügung. ◄

Besonders bei Lade- und Rangierarbeiten ist das neue, stufenlose Getriebe eine angenehme Arbeitserleichterung. Die Hubkraft des Schleppers liegt am Heck bei 12.000 Kilogramm. Kauft man sich den Frontkraftheber aus der Zusatzausstattung hinzu, kann man vorne eine Hubkraft von 5.000 Kilo erzielen.

Die neuen AGCO-Sisu-Motoren werden mit dem Abgasnachbehandlungssystem SCR (Selective Catalytic Reduction) mit AdBlue ausgestattet, das mit einer Harnstofflösung arbeitet. Dadurch werden die Motoren besonders „sauber“, das heißt: Die Stickoxid- und Partikelemission wird deutlich reduziert. Der Traktor führt 51 Liter AdBlue-Flüssigkeit mit.

Eine hohe Zugleistung ermöglicht Transporte mit großen Wagen und Fässern. Dieser John Deere 8120 zieht ein Güllefass mit einem Fassungsvermögen von 22.500 Litern. Die Motorleistung von 208 PS und der Allradantrieb machen das Ausbringen der Gülle selbst auf unebenem Gelände zu einer leichten Aufgabe.

Modelle: Neun Modelle umfasste die Baureihe 8020, mit der John Deere 2002 die Schlepper der Oberklasse erneuerte. Jedes Modell war in einer Ausführung mit Rädern und einer Variante mit Bandlaufwerken verfügbar. Vier der Großschlepper ersetzten die Typen der Vorgängerreihe 8010. Der 8520 und seine Raupenvariante 8520T hatten jedoch kein Gegenstück in der vorhergehenden Baureihe. Sie erweiterten das Angebot in dieser Klasse nach oben.

Leistung: Das kleinste Mitglied der Baureihe, der John Deere 8210, konnte eine Nennleistung von 208 PS vorweisen. Das stärkste Modell erbrachte 305 PS bei einer Drehzahl von 2.200 Umdrehungen pro Minute. Zu einem niedrigen Kraft-

TECHNISCHE DATEN

Typ	John Deere 8520
Bauzeit	2002–2005
Motor	John Deere PowerTech
Verfahren	6081H Direkteinspritzer, Turbolader, Ladeluftkühlung, Common Rail
Kühlung	Flüssigkeitskühlung
Zylinder	6
Hubraum	8.148 ccm
Nenndrehzahl	2.200 U/min
Leistung	305 PS (97/68/EC)
Gänge	16V 5R
Gewicht	9.700 kg
Länge	5.850 mm
Höhe	3.200 mm
Radstand	2.970 mm

Die Entwickler der 8020-Serie legten nicht nur auf technische Aspekte großen Wert, sondern auch auf eine hohe Wartungsfreundlichkeit. Dazu gehörten eine leichte Zugänglichkeit zu den einzelnen Wartungselementen wie zum Beispiel Luft-, Öl- und Kraftstofffilter sowie möglichst lange Wartungsintervalle.

stoffverbrauch und einer hohen Leistungsbereitschaft des Motors trug die neue Common-Rail-Einspritztechnik bei. Der Kraftstoffverbrauch gewann nicht nur wegen der Kosten zunehmend an Gewicht, sondern auch wegen der schärfer werdenden Abgasbestimmungen, die von den europäischen und amerikanischen Umweltbehörden erlassen wurden. Mit den neuen Motoren erfüllte die 8020-Reihe die aktuellsten Auflagen.

Ausstattung: Die Schlepper der 8020-Reihe waren mit einem PowerShift-Getriebe ausgestattet, das 16 Vorwärts- und fünf Rückwärtsgänge bot. Die Höchstgeschwindigkeit der Radtraktoren lag bei 42 Stundenkilometern. Die Versionen mit Bandlaufwerk konnten bis zu 32 km/h schnell fahren. Die langsamste Geschwindigkeit bei Nenndrehzahl betrug 1,9 Stundenkilometer. Die neue Vorderachse mit „Independent Link Suspension" (ILS), bei der es sich um eine Einzelradfederung handelte, sorgte bei den Radführungen der Traktoren für einen hohen Fahrkomfort und Sicherheit. ◂

Der John Deere 8520 war das stärkste Modell der Baureihe. Seine Heckhydraulik besaß eine Leistung von bis zu 11.000 Kilogramm. Die Hubkraft am vorderen Anbauraum lag bei 5.200 Kilogramm. Der Fahrer konnte die Hydraulik bequem vom CommandARM, der mit Schaltelementen bestückten rechten Armlehne seines Sitzes, steuern.

Der 8520T fährt auf einem bodenschonenden Bandlaufwerk. Die Federung ermöglicht im Vergleich zu früheren Gleiskettenlaufwerken relativ hohe Geschwindigkeiten. Gleichzeitig wird durch das Gummiband eine Beschädigung der Oberfläche vermieden. Die Raupentraktoren wurden zu einem festen Bestandteil im obersten Leistungssegment der John-Deere-Traktoren.

Die Traktorgiganten der 9020-Reihe konnten nur auf sehr großen Flächen rentabel eingesetzt werden. Deswegen wurde das größte Modell der Baureihe, der John Deere 9620, auf dem westeuropäischen Markt nicht angeboten. Andere Modelle fanden jedoch ein passendes Einsatzfeld – wie dieser John Deere 9420T, der in Mecklenburg-Vorpommern arbeitet.

TECHNISCHE DATEN

Typ	John Deere 9520
Bauzeit	2002–2007
Motor	John Deere PowerTech 6125H
Verfahren	Direkteinspritzer, Turbolader, Ladeluftkühlung, Common Rail
Kühlung	Flüssigkeitskühlung
Zylinder	6
Hubraum	12.500 ccm
Nenndrehzahl	2.100 U/min
Leistung	465 PS (97/68/EC)
Gänge	18V 6R oder 24V 6R
Gewicht	16.370 kg
Länge	7.600 mm
Höhe	3.700 mm
Radstand	3.500 mm

Geschichte: Im Juli 2001 stellte John Deere anlässlich einer Veranstaltung in New Mexico der Öffentlichkeit zum ersten Mal die Nachfolger der ersten 9000-Reihe vor. Die neue 9020-Reihe bestand aus fünf Modellen, von denen drei in einer Version mit Bandlaufwerk erhältlich waren. Das stärkste Modell der Großtraktorenreihe war der John Deere 9520, der mit einer Nennleistung von 465 PS aufwarten konnte. Mit der Maximalleistung überschritt der Traktorgigant sogar die 500-PS-Marke und erreicht 507 PS (nach 97/68/EC gemessen). Die Schlepper kamen im folgenden Jahr auf den Markt.
Leistung: 2004 trat mit dem 9620 ein neues John-Deere-Flaggschiff auf die Bühne. Der neue Kraftprotz aus Waterloo hatte die gleichen Maße und dasselbe Gewicht wie der 9520, erreichte mit seiner Nennleistung jedoch die 500 PS und ging mit seiner Maximalleistung noch bedeu-

Die Modelle der 9020-Reihe verfügen über zahlreiche Techniken, die dem Fahrer die Arbeit erleichtern. Dazu gehört die integrierte Maschinensteuerung (IMS), mit der sich bestimmte Bedienvorgänge abspeichern und am Vorgewende automatisch ausführen lassen. Der Fahrer kann sich dadurch auf andere Aufgaben konzentrieren.

Mit seinen 205 Zentimeter hohen Rädern und der Doppelbereifung besitzt dieser John Deere 9320 eine große Aufstandsfläche. Um eine maximale Kraftübertragung zu erreichen und zugleich die Bodenbelastung möglichst gering zu halten, ist eine richtige Kombination aus Reifengröße, Reifendruck und Ballastierung nötig.

tend höher. In der Ausführung 9620T gab es den neuen Großschlepper auch mit Bandlaufwerk. Der neue Platzhirsch wurde jedoch auf dem westeuropäischen Markt nicht angeboten.

Ausstattung: Neben der Leistungssteigerung gehörte zu den Neuheiten der 9020-Reihe die Verwendung des neuen PowerTech-Motors, der für mehr Effizienz und einen geringeren Schadstoffausstoß sorgte. Das Dieselaggregat verfügte über Vier-Ventiltechnik und elektronisch angesteuerte Einzeleinspritzpumpen. Jede der Pumpen lieferte bis zu 1.600 bar Druck. Die vier stärksten der Radtraktoren konnten eine Höchstgeschwindigkeit von 40 km/h erreichen. 34 Stundenkilometer waren die maximale Geschwindigkeit bei den Modellen 9120 und 9220. Das PowerShift-Getriebe mit 18 Vorwärts- und sechs Rückwärtsgängen gehörte zur Grundausstattung. ◂

Die Reifen des John Deere 9520 ermöglichen nicht nur eine gute Traktion, sondern sind auch selbstreinigend und dadurch für feuchte Einsatzgebiete geeignet. Durch die Knicklenkung und die großen Reifen werden am Vorgewende kaum Schäden an der Bodenoberfläche verursacht. Die Schwerlast-Verstellachsen ermöglichen eine Anpassung der Spur auf die jeweiligen Erfordernisse.

Claas hatte mit der Xerion-Reihe den Einstieg in den Traktormarkt geschafft. Der Xerion 3300 war allerdings ein Gigant, wie man ihn in Deutschland selten antraf. Der Sechszylinder-Motor von Caterpillar leistete über 300 PS. Dieses Bild zeigt einen Xerion 3300 Trac VC, bei dem die Kabine gedreht werden kann.

TECHNISCHE DATEN

Typ	Xerion 3300
Bauzeit	ab 2004
Motor	Caterpillar Turbo
Verfahren	Turbolader und Ladeluftkühlung
Kühlung	Flüssigkeitskühlung
Zylinder	6
Hubraum	8.804 ccm
Nenndrehzahl	2.100 U/min
Leistung	335 PS (ECE R 120)
Gänge	stufenlos
Gewicht	10.200 kg (ohne Reifen)
Länge	6.630 mm
Höhe	3.720 mm
Radstand	3.300 mm

Geschichte: Claas, der größte europäische Produzent von Mähdreschern, hatte 1997 ein Fahrzeug vorgestellt, das bei Großbetrieben für Furore sorgen sollte. Der Xerion war dem Trac-Konzept entsprungen, mit dem Deutz-Fahr und Mercedes-Benz Anfang der 1970er beinahe gleichzeitig hervorgetreten waren. Claas hatte auf der Grundlage der Erfahrungen mit diesen und anderen Modellen sein Fahrzeug weiterentwickelt und vor allem viel stärker gemacht. Die ersten Modelle hatten Motoren mit 250 und 300 PS. Weitere wichtige Merkmale waren die drehbare Kabine und die mögliche Allradlenkung, wodurch eine hervorragende Wendigkeit erzielt werden konnte.

Technik: 2004 stellte Claas den Xerion 3300 vor, eine Weiterentwicklung des Konzepts nach oben. Der Motor stammte von Caterpillar; er war ein Sechszylinder-Turbo mit 8,8 Liter Hubraum. Auf der Straße erreichte der Xerion eine Höchstgeschwindigkeit von 50 Stundenkilometern. Claas verkauft auch eine Saddle-Trac-Version, bei der die Fahrerkabine über der Vorderachse liegt und der Xerion wie ein Lkw benutzt werden kann. ◀

Mit dem Xerion wurde das Konzept der Systemtraktoren zu einem neuen Höhepunkt geführt. Dank seines starken Motors und einer überlegenen Hydraulik kann sich das vielseitige Fahrzeug auf dem Markt schnell behaupten. 2004 wurde mit dem Xerion 3300 die zweite, noch stärkere Generation vorgestellt.

Der Xerion 3800 unterscheidet sich von seinem „kleinen Bruder“ Xerion 3300 vor allem durch den stärkeren Motor. Die Abmessungen der beiden Modelle sind identisch. 2007 kam der Xerion 3800 auf den Markt. Für die Einstellung und Überwachung der vielen Funktionen steht das System CEBIS zur Verfügung.

Geschichte: Claas hatte erkannt, dass die Kunden auch einen stärkeren Xerion gern kaufen würden. Deshalb wurde 2007 der Xerion 3800 eingeführt. Auch er verfügt über eine Allradlenkung, Allradantrieb, ein stufenloses Hydraulikgetriebe und die verschiedenen Anbauräume. Der kleinste Wendekreis des mehr als sechseinhalb Meter langen Fahrzeugs beträgt dank Allradlenkung gerade mal zwölf Meter.

Technik: Der Bordcomputer CEBIS wurde aus den Mähdreschern der Lexion-Klasse übernommen, adaptiert und weiterentwickelt. Der Fahrer kann alle Maschinen aus der Kabine heraus bedienen und auch Einstellungen am Setup des Fahrzeugs vornehmen. Das Display ist klar verständlich. Wer die freie Sicht auf seine Arbeitsgeräte haben möchte und zudem die stärkere Heckhydraulik nutzen will, kann bei der Version VC die Kabine einfach umdrehen und in die andere Richtung fahren. Das besondere Plus des Motors ist die niedrige Drehzahl, die viel Kraftstoff sparen hilft. Das maximale Drehmoment wird bereits bei 1.400 Umdrehungen in der Minute erreicht. ◄

TECHNISCHE DATEN

Typ	Xerion 3800
Bauzeit	ab 2007
Motor	Caterpillar Turbo
Verfahren	Turbolader und Ladeluftkühlung
Kühlung	Flüssigkeitskühlung
Zylinder	6
Hubraum	8.804 ccm
Nenndrehzahl	2.100 U/min
Leistung	364 PS (ECE R 120)
Gänge	stufenlos
Gewicht	10.200 kg (ohne Reifen)
Länge	6.630 mm
Höhe	3.720 mm
Radstand	3.300 mm

Bei der Aussaat auf einer großen Ackerfläche demonstriert der Xerion 3800 seine Anbauräume. Vorne und hinter der Kabine befinden sich die Tanks mit Saatgut, am Heck ist die Säkombination angebracht. Auf diese Weise werden mehrere Arbeitsschritte zusammengefasst, und ein „Nachtanken“ ist auch nicht mehr nötig.

Der 8250 kann gegen Aufpreis mit einem Frontkraftheber und einer Frontzapfwelle ausgestattet werden. Dies ist eine sehr sinnvolle Option, denn das Angebot an passenden Geräten ist inzwischen sehr vielfältig. Dieser Traktor arbeitet mit einem Scheibenmähwerk Disco 3050 FC Plus von Claas für die Frontzapfwelle.

Ausstattung: Die Traktoren des britischen Nutzfahrzeugproduzenten JCB sind seit Jahren für ihre hohen Spitzengeschwindigkeiten bekannt. Diesen Ruf rechtfertigt der Fastrac 8250 mit einer Höchstgeschwindigkeit von 65 bis 70 Stundenkilometern vollauf. Damit gehört er zu den absolut schnellsten Traktoren der Welt. Klar, dass es dabei auch sehr stark auf die geeigneten Hochleistungsbremsen ankommt. JCB verwendet ein Doppelsattel-Bremssystem mit Stabilisatoren und ABS. Der gesamte Schlepper ist auf einen Vollrahmen aufgebaut. Im Hinblick auf die starke Beanspruchung wurde das Chassis verstärkt. Ein wichtiges Element bei einem Schnelltraktor ist eine zuverlässige Federung. Diese drückt den Reifen stets auf den Boden und erzielt somit eine hervorragende Traktion.

TECHNISCHE DATEN

Typ	Fastrac 8250
Bauzeit	ab 2006
Motor	Cummins QSC
Verfahren	Common-Rail-Hochdruckeinspritzung, Turbolader, Ladeluftkühlung
Kühlung	Flüssigkeitskühlung
Zylinder	6
Hubraum	8.268 ccm
Nenndrehzahl	2.100 U/min
Leistung	248 PS
Gänge	stufenlos
Gewicht	10.640 kg
Länge	5.650 mm
Höhe	3.380 mm
Radstand	3.120 mm

Übersichtlich präsentiert sich das Armaturenbrett des Fastrac 8250. Ein Joystick ist inzwischen in der Traktorindustrie praktisch unverzichtbar geworden. Der Touchscreen vereinfacht eine Fülle verschiedener Funktionen und Einstellungen, auf Wunsch auch solche, die in der Regel mit dem Joystick bedient werden.

Der hübsch designte Fastrac 8250 hat einen modernen Dieselmotor von Cummins, der von Common-Rail-Einspritzung über Ladeluftkühlung und Vierventiltechnik alle modernen Standards zu bieten hat. Überdies erfüllt er auch die schärfsten Abgasrichtlinien und zeitigt einen ausgesprochen geringen Verbrauch.

Das stufenlose CVT-Getriebe hat zwei Fahrbereiche. Mit dem Joystick kann die gewünschte Einstellung fixiert werden. Außerdem sind drei Modi möglich: Manuell, Powershift und Flexi.

Leistung: Die wichtigsten Aufgaben werden mit dem Joystick oder über den Touchscreen umgesetzt. Der Heckkraftheber entwickelt eine Hubkraft von 10.000 Kilogramm, der optional erhältliche Frontkraftheber schafft immerhin noch 3.500 Kilogramm. Beide können ganz einfach mit dem Joystick gehoben oder gesenkt werden. Die Kraftzentrale des Schleppers ist ein 248 PS starker Turbo-Diesel von Cummins mit Common-Rail-Hochdruckeinspritzung und elektronischem Motormanagement. Er erreicht sein maximales Drehmoment von 1.179 Nm bereits bei einer Drehzahl zwischen 1.200 und 1.400 Touren.

Mit einer Spitzengeschwindigkeit von 65 Stundenkilometern macht der Fastrac 8250 seinem Namen alle Ehre. Doch der Traktor ist nicht nur schnell, sondern mit einer Motorleistung von 248 PS auch bärenstark. Für die Kraftübertragung sorgt ein stufenloses CVT-Getriebe mit Namen V-Tronic, das JCB von AGCO bezieht.

Der Fastrac 7230 ist der zweitstärkste der Reihe 7200 von JCB. Er erreicht eine Motorleistung bei Nenndrehzahl von 220 PS. Die maximale Leistung liegt bei 230 PS. Der Sechszylinder-Motor mit einem Hubraum von 6,7 Litern stammt von Cummins. Er erfüllt die neuesten Abgasrichtlinien.

Leistung: Anders als der Fastrac 8250 haben die vier Modelle der Reihe 7200 ein Teillast-PowerShift-Getriebe, bei dem allerdings ein kupplungsloser Geschwindigkeitsgruppenwechsel mit drei Getriebemodi möglich ist. Geschaltet wird mit dem Joystick oder einem Lenkradhebel. Die Höchstgeschwindigkeit der Schlepper liegt bei 70 Stundenkilometern. Die vier in ihren Abmessungen identischen Typen heißen: Fastrac 7170 mit 173 PS, Fastrac 7200 mit 190 PS, Fastrac 7230 mit 220 PS und schließlich seit 2009 der Fastrac 7270 mit 260 PS.

Ausstattung: Um die hohe Endgeschwindigkeit abfangen zu können, haben die vier Traktoren außenliegende Scheibenbremsen mit Doppelsattel erhal-

TECHNISCHE DATEN

Typ	Fastrac 7270
Bauzeit	ab 2007
Motor	Cummins QSB
Verfahren	Common-Rail-Hochdruckeinspritzung, Turbolader, Ladeluftkühlung
Kühlung	Flüssigkeitskühlung
Zylinder	6
Hubraum	6.702 ccm
Nenndrehzahl	2.200 U/min
Leistung	260 PS
Gänge	24V 9R
Gewicht	9.185 kg
Länge	5.720 mm
Höhe	3.230 mm
Radstand	3.050 mm

In der schallisolierten Kabine findet sich der Fahrer dank der übersichtlichen Anordnung der Instrumente schnell zurecht. Für das Traktormanagement steht ihm der Bordcomputer mit einem farbigen Touchscreen-Display zur Verfügung. Mit dem Joystick werden das Getriebe und die Zusatzhydraulik angesprochen.

Der Fastrac verfügt über eine Reihe zusätzlicher Ausstattungsmöglichkeiten. Dabei handelt es sich einerseits um Komfort-Features wie einen elektrisch verstellbaren Außenspiegel, beheizte Front- und Heckscheibe oder einen beheizten Fahrersitz. Andererseits sind es Arbeitshilfen wie ein Frontkraftheber oder zusätzliche Xenon-Arbeitsscheinwerfer.

ten. Hinzu kommt ein Antiblockiersystem an allen Rädern, das allerdings in manchen Ländern aufgrund gesetzlicher Bestimmungen fehlen kann. Dort kann dann nur mit reduzierter Höchstgeschwindigkeit gefahren werden. Die druckluftunterstützte hydraulische Zweikreisbremsanlage wurde nach der Lkw-Spezifikation der EG ausgeführt. Eine Zweileiter-Druckluftbremsanlage zur Bremsung eines Anhängers steht serienmäßig zur Verfügung. Alternativ kann man die billigere Einleiterversion einbauen lassen, doch dann ist die Höchstgeschwindigkeit beim Ziehen des Anhängers auf 25 Stundenkilometer begrenzt. Doch warum sollte man sich gerade einen Hauptvorteil des Fastrac wegsparen? Höchstens dann, wenn man es nicht nötig hat, einen Anhänger einzusetzen.

Der Allradantrieb kann unter Last zugeschaltet werden. Kabine und Räder sind voll gefedert. Bei der Hydraulik stehen gegen Aufpreis eine stärkere Hydraulikpumpe, Fronthydraulik und andere Optionen zur Verfügung. ◂

Die Kabine der Reihe 7200 zeichnet sich durch ihre besondere Großzügigkeit aus. Die Sicht des Fahrers ist hervorragend. Eine vollautomatische Klimaanlage und viel Platz für Beine und Begleitperson machen den Aufenthalt in dieser Kabine zu einer entspannenden Fahrt. Außerdem verfügt der Schlepper über ein hervorragendes Filtersystem.

Der Trend zu immer stärkeren Traktoren, die immer größere Arbeitsgeräte ziehen können, setzte sich auch bei der Xerion-Reihe von Claas fort. Der Xerion 4500 war das etwas kleinere der beiden neuen Topmodelle, die seit 2009 erhältlich sind. Besonders die Großbetriebe in Osteuropa und Lohnunternehmer zählen zum Kundenkreis.

TECHNISCHE DATEN

Typ	Xerion 5000
Bauzeit	ab 2009
Motor	Caterpillar C13
Verfahren	Common-Rail-Hochdruckeinspritzung, Turbolader, Ladeluftkühlung
Kühlung	Flüssigkeitskühlung
Zylinder	6
Hubraum	12.500 ccm
Nenndrehzahl	2.000 U/min
Leistung	487 PS (ECE R 120)
Gänge	stufenlos
Gewicht	13.400 kg (ohne Reifen)
Länge	7.493 mm
Höhe	3.801 mm
Radstand	3.500 mm

Technik: Claas hat 2009 mit den beiden Schwestermodellen Xerion 4500 und Xerion 5000 noch eine gute Schippe draufgelegt und sich mit diesen beiden Modellen in die Riege der Hersteller von echten Oberklassetraktoren katapultiert. Der 4500 wartet mit einer maximalen Leistung von 483 PS nach der Norm ECE R120 auf, der 5000 sogar mit 524 PS. Gefüttert werden die beiden Systemschlepper aus einem 1.000 Liter Kraftstoff fassenden Tank. Das Getriebe Eccom 4.5 ist ein leistungsverzweigtes hydrostatisch-mechanisches, stufenloses Getriebe, das dem Fahrer ein Schalten erspart.

Einsatz: Besonders bei der schweren Bodenbearbeitung leisten die beiden Xerion-Modelle hervorragende Dienste. Dabei

Die Aussaat auf großen Flächen konnte mit weniger zugstarken Traktoren lange dauern. Ein starker Xerion kann bedeutend breitere Geräte einsetzen, wodurch weniger Fahrtweg zustande kommt. Diese Zeitersparnis bedeutet aber auch weniger Kraftstoffverbrauch, ein Faktor, der angesichts steigender Preise immer wichtiger wird.

kommt es auf zwei Komponenten an. Zum einen müssen große Arbeitsgeräte überhaupt bewältigt werden. Das leisten auch die kleineren Xerion. Doch dann kommt noch die Komponente der Fahrgeschwindigkeit hinzu. Dank ihrer Kraft sind der 4500 und der 5000 hier ein gutes Stück schneller. Die Bedienung des Fahrzeugs und der angebauten Geräte wurde optimal gestaltet. Vieles geschieht mit dem Joystick, der mehrere Funktionen in sich vereint. Für den passenden Durchblick sorgt ein CEBIS-Terminal mit moderner Computertechnologie.

Die Xerion-Modelle werden anders als die Standardtraktoren nicht in Frankreich produziert, sondern am Firmensitz im ostwestfälischen Harsewinkel. Aus Frankreich stammen die Nachfolger der ehemaligen Renault-Traktoren. ◂

Der Xerion 5000 ist das neue Flaggschiff der Traktorflotte von Claas. Dank der Übernahme von Renault Agriculture ist das Unternehmen aus dem kleinen Harsewinkel inzwischen in der Lage, Traktoren für alle Bedürfnisse anzubieten. Auch bei dem abgebildeten Modell ist es möglich, die Kabine nach hinten zu drehen.

Der Caterpillar-Motor der beiden Modelle Xerion 4500 und 5000 wird in den USA auch bei schweren Lkw verwendet. Mit seinem eindrucksvollen Hubraumwert von mehr als zwölf Litern verfügt er über Kraftreserven für extreme Anforderungen. Die Maximalleistung liegt bei 483 beziehungsweise 524 PS.

Special: Knicklenker

Die meisten Traktoren im mittleren und unteren Leistungsbereich besitzen große Hinterräder und kleine Vorderräder. Der Antrieb erfolgte vor der Einführung des Allradantriebs über die Hinterräder. Gelenkt wurde durch das Einschlagen der Vorderräder, der sogenannten Achsschenkellenkung, bei der sich die Räder relativ zur Achse drehen. Neben dem Lenken mit den Vorderrädern gab es auch noch verschiedene Variationen der Achsschenkellenkung, ohne dass diese eine größere Bedeutung erlangt hätten. Dazu gehörten die Vierradlenkung, bei der die hinteren Räder in die entgegengesetzte Richtung der Vorderräder einschlugen, und die Hundeganglenkung, die auch eine Allradlenkung ist, bei der die Hinterräder jedoch in dieselbe Richtung wie die Vorderräder einschlagen.

Die Firma Lanz brachte mit dem HP bereits 1923 einen Knicklenker auf den Markt. Der zwölf PS starke Schlepper hatte einen Allradantrieb und vorne größere Räder als hinten. Der Verkaufserfolg des HP blieb jedoch bescheiden, und bei den folgenden Modellen setzten die Mannheimer wieder auf die Lenkung mit den Vorderrädern.

Dieser STX485QT führt den Vorteil der Knicklenkung vor. Trotz eines Radstandes von 391 Zentimetern kommt er mit einem Wenderadius von 510 Zentimetern aus. Die Allradgiganten können dadurch eine Wendigkeit behalten, die mit der herkömmlichen Achsschenkellenkung nicht möglich wäre.

Einen Radstand von 395 Zentimetern und eine Länge von 757 Zentimetern besitzen die Schlepper der MT900B-Reihe von Challenger. Das Lenken erfolgt durch das Abknicken in einem Winkel von bis zu 42 Grad. Der Wenderadius liegt dadurch nur bei 500 Zentimetern.

Die Geburt der Knicklenkung

Je größer die Traktoren wurden, desto mehr wuchs auch der Umfang der Vorderräder. Die Großschlepper wurden nicht nur an der Hinterachse, sondern auch vorne mit einer Doppel- oder Dreifachbereifung versehen. An eine Achsschenkellenkung war mit dieser Ausstattung nicht mehr zu denken. Als Lösung für das Problem führte man deswegen bei den ganz großen Allradschleppern die Knicklenkung ein. Bei diesem Lenkverfahren knickt das Hinterteil des Traktors relativ zum Vorderteil ein. Möglich ist dies, weil das Fahrzeug aus zwei Teilen, die über ein Gelenk miteinander verbunden sind, besteht. Dies ist an sich keine einfache Technik, denn die Antriebswelle und die Leitungen müssen durch das Gelenk verlaufen.

Große und kleine Knicklenker

Zwar wurden schon früh Modelle mit Knicklenkung gebaut, aber der Durchbruch erfolgte erst mit der Einführung der großen Allradtraktoren in der zweiten Hälfte des 20. Jahrhunderts. Heute werden auch kleine Traktoren für den Weinberg- und Plantageneinsatz mit dieser Lenktechnik hergestellt, da sie eine hohe Wendigkeit ermöglicht. ◄

Die Verbindung zwischen dem Vorder- und dem Hinterteil wirkt bei diesem TJ530 von New Holland wie eine Wespentaille. Die Antriebswelle, Elektro-, Steuer- und Hydraulikleitungen laufen durch diese Engstelle am Traktor. Die beiden Teile können nicht nur zueinander abknicken, sondern sich auch bis zu einem bestimmten Grad verdrehen.

Der STX450QT besaß das neuartige Quadtrac-Bandlaufwerk. Alle vier Laufwerke arbeiten unabhängig voneinander und sorgen dadurch auf unebenem Gelände für ständigen Bodenkontakt. Die Gummibänder sind selbstreinigend. Durch die Knicklenkung betrug der Wenderadius des STX450QT nur 5,7 Meter.

Geschichte: Im Herbst 2000 führte Case IH mit den STX-Modellen eine neue Reihe von Schleppern der obersten Leistungsklasse ein. Es handelte sich wie bei den Vorgängern um Knicklenker, die in Fargo hergestellt wurden, weshalb man auch von Steiger-STX-Traktoren sprach. Zu den Neuerungen der STX-Schlepper gehörten nicht nur die Motorleistung, die neue Höhen erreicht hatte, der vergrößerte Radstand und die leistungsfähigere Hydraulik, sondern auch die Einführung eines neuartigen Bandlaufwerks: des Quadtrac-Laufwerks.

Ausstattung: Der STX450 ging 2002 an den Start. Er war in einer Ausführung mit Rädern und als STX450QT mit Bandlaufwerk erhältlich. Der Motor stammte von Cummins und erbrachte eine Nennleistung von 450 PS. Die Maximalleistung wurde mit 490 PS angegeben. Der Drehmomentanstieg des Motors lag bei 41 Prozent. Aber die Entwickler in Fargo hatten nicht nur an die Leistung gedacht, sondern auch an den Fahrkomfort, weshalb sie die Kabine neu gestalteten. Sie sollte nun um 23 Prozent größer geworden sein als vergleichbare Kabinen anderer Hersteller. ◄

TECHNISCHE DATEN

Typ	STX 450
Bauzeit	2002–2005
Motor	Cummins QSX15
Verfahren	Direkteinspritzer, Turbolader, Ladeluftkühlung
Kühlung	Flüssigkeitskühlung
Zylinder	6
Hubraum	14.950 ccm
Nenndrehzahl	2.000 U/min
Leistung	450 PS
Gänge	16V 2R
Gewicht	24.160 kg
Länge	8.060 mm
Höhe	3.860 mm
Radstand	3.910 mm

Durch die abgeschrägte Motorhaube besaß der Fahrer des STX450QT eine verbesserte Sicht auf den Bereich vor dem Traktor. Das Cockpit wurde als Surveyor-Kabine bezeichnet. Es besaß 6,3 Quadratmeter an getönten Scheiben, die einen ungehinderten Rundumblick erlaubten.

Der STX500 war nicht nur das Flaggschiff der Case-IH-Schlepper, er gehörte mit seinen 500 PS Nennleistung zu den stärksten Traktoren der Welt. An der Zapfwelle wurde eine Leistung von 440 PS gemessen. Als Zugpendelleistung bei Nenndrehzahl wurden 390 PS ermittelt. Der Hubraum des Cummins-Motors besaß eine Größe von 14,9 Litern.

Geschichte: 2002 gesellte sich der STX500 zur Reihe der Großtraktoren aus Fargo. Neben der Ausführung mit Rädern war das Modell auch als Version mit dem Quadtrac-Bandlaufwerk verfügbar. Mit seinen 500 PS Nennleistung und 550 PS Maximalleistung bildete der STX500 im Leistungsspektrum der Case-IH-Traktoren den Abschluss nach oben. Aber das Case-IH-Flaggschiff spielte in anderer Hinsicht eine bedeutende Rolle. Mit dem STX500QT holte sich Case IH 2005 den Rekord im Pflügen zurück. Innerhalb von 24 Stunden schaffte es der Knicklenker, 321 Hektar Acker zu bearbeiten. Der Pflug stammte auch diesmal von Grégoire Besson. 2005 war aber auch wegen eines anderen Ereignisses in der Case-IH-Geschichte von Bedeutung, denn in diesem Jahr rollte der 50.000ste Traktor aus dem Steiger-Werk in Fargo.

Leistung: Zu einem starken Traktor gehört auch eine starke Hydraulik. Beim Case IH STX500 besaß sie in der Standardausführung eine Förderleistung von 159 Litern pro Minute. Auf Wunsch konnte dieser Wert auf 216 Liter pro Minute erhöht werden. ◀

Teil der Standardausstattung des STX500 war das PowerShift-Getriebe mit 16 Vorwärts- und zwei Rückwärtsgängen. Zum Getriebe gehörte die AutoSkip-Funktion, die beim Hochschalten das Überspringen jedes zweiten Ganges bewirkte, was ein schnelleres Beschleunigen ermöglichte.

TECHNISCHE DATEN

Typ	STX 500
Bauzeit	2003–2005
Motor	Cummins QSX15
Verfahren	Direkteinspritzer, Turbolader, Ladeluftkühlung
Kühlung	Flüssigkeitskühlung
Zylinder	6
Hubraum	14.950 ccm
Nenndrehzahl	2.000 U/min
Leistung	500 PS
Gänge	16V 2R
Gewicht	24.160 kg
Länge	8.060 mm
Höhe	3.860 mm
Radstand	3.910 mm

Das stärkste Mitglied der 8400-Reihe war der MF 8480, der eine Nennleistung von 290 PS und eine Höchstleistung von 315 PS vorweisen konnte. Der Frontkraftheber gehörte zur optionalen Ausstattung. Es gab ihn mit einer Hubkraft von 3.500 Kilogramm, die auf Wunsch auf 5.000 Kilogramm erhöht werden konnte. Die Hubkraft des Heckkrafthebers lag bei 10.500 Kilogramm.

TECHNISCHE DATEN

Typ	MF 8480
Bauzeit	2004–2008
Motor	Sisu 84ETA, ab 2005: 84CTA
Verfahren	Direkteinspritzer, Turbolader, Ladeluftkühlung, CommonRail
Kühlung	Flüssigkeitskühlung
Zylinder	6
Hubraum	8.400 ccm
Nenndrehzahl	2.200 U/min
Leistung	290 PS
Gänge	stufenlos
Gewicht	9.050 kg, ab 2005: 9.410 kg
Länge	5.240 mm
Höhe	3.100 mm
Radstand	3.080 mm

Technik: Aus dem AGCO-Werk in Beauvais rollte ab 2004 die 8400-Reihe, mit der Massey Ferguson die 8200-Xtra-Traktoren ablöste. Die neue Großtraktorenreihe setzte sich aus den Modellen 8450, 8460, 8470 und 8480 zusammen. Das Leistungsspektrum der vier Schlepper reichte von 215 PS bis zu 290 PS beim stärksten Modell. Die Motoren stammten von dem finnischen Hersteller Sisu, der kurz vorher ebenfalls Teil des AGCO-Konzerns geworden war. Die Motoren verfügten über Turboladung, Ladeluftkühlung und die neueste Motorentechnik. Dazu gehörte das elektronische Motormanagement, das abhängig von der Drehzahl und der Last für eine ständige Optimierung der Kraftstoffeinspritzung sorgt. Gemeinsam mit der Common-Rail-Einspritztechnik und der Vier-Ventiltechnik konnten so der Kraftstoffverbrauch und der Schadstoffausstoß weiter gesenkt werden.

Mit der Einführung des Dyna-VT-Getriebes unternahm Massey Ferguson einen großen Schritt vorwärts in der Traktortechnik. Die neue Technik ermöglichte eine stufenlose, exakte Anpassung der Geschwindigkeit an die jeweiligen Bedingungen und eine einfachere Bedienung.

Ausstattung: Die wichtigste Neuerung der Baureihe 8400 war wohl das Dyna-VT-Getriebe, mit dem ohne zu schalten stufenlos die Geschwindigkeit geändert werden kann. Das Getriebe basiert auf der Vario-Technik, die sich bei Fendt bereits seit 1995 erprobt hatte. Da sowohl Fendt als auch Massey Ferguson AGCO-Marken sind, stellte der Technologietransfer von Marktoberdorf nach Beauvais kein Problem dar. Was das Dyna-VT-Getriebe von der Fendt-Ausführung unterscheidet, sind die bei Massey Ferguson entwickelte Software sowie die Schalt- und Kontrollelemente.
Einsatz: Auf dem europäischen Markt wurden die 8400-Modelle von Anfang an mit dem stufenlosen Getriebe angeboten. In den USA gab es sie dagegen ursprünglich mit dem Dyna-Step-Getriebe, das zwei Fahrbereiche mit jeweils 21 Vorwärtsgängen bot. Schließlich entschied man sich bei Massey Ferguson jedoch dafür, auch auf dem US-Markt die stufenlose Ausführung anzubieten. ◂

Das Pflügen gehört zu den anspruchsvollsten Arbeiten für einen Traktor. Die DualControl-Technik des Schleppers automatisiert einige Aufgaben wie das Einsetzen und Ausheben sowie das Beibehalten einer gleichmäßigen Arbeitstiefe. Das Bedienen und Überwachen der Funktion erfolgt über die elektronische Hubwerksregelung von der Bedienkonsole aus.

Die 8400-Schlepper sind Hightech-Maschinen, bei denen der Bordcomputer eine zentrale Rolle spielt. Zahlreiche Traktorfunktionen lassen sich über ein Terminal im Cockpit ausführen. Außerdem lassen sich Daten- und Kostenanalysen für die Erstellung von Berichten über Produktivität, bearbeitete Flächen und so weiter durchführen.

Auf Wunsch konnte der TG275 mit der SuperSteer-Achse ausgestattet werden. Diese Achse ermöglichte einen besonders hohen Einschlagwinkel der Vorderräder und dadurch einen engen Wenderadius, der nur bei etwas über fünf Metern lag. Bei beengten Verhältnissen und am Vorgewende machen sich die Vorteile einer hohen Wendigkeit bemerkbar.

Leistung: Seit der Fusion von Case IH und New Holland zu CNH stehen die einzelnen Traktorenfabriken auch für die Produktion von Modellen der anderen Marke zur Verfügung. Es war das Case-IH-Werk in Racine, das für die Produktion des New Holland TG275 zuständig war. Der TG275 gehörte zur zweiten TG-Generation. Die Typenbezeichnung gab ungefähr die Nennleistung des Sechszylinder-Motors wieder. Für die Arbeit mit Maschinen, die von der Zapfwelle angetrieben werden, ist natürlich die Zapfwellenleistung wichtig, die beim TG275 mit 225 PS angegeben wurde. Bei einem Test wurde auch die Leistung an der Zugstange ermittelt. Sie belief sich auf 192 PS. **Ausstattung:** Das Getriebe mit 18 Vorwärts- und vier Rückwärtsgängen gehörte zur Standardausstattung des Schleppers. Auf Wunsch war eine Getriebevariante mit 19 Vorwärtsgängen erhältlich. Ein weiteres optionales PowerShift-Getriebe bot fünf zusätzliche Kriechgänge für die Vorwärts- sowie vier weitere Kriechgänge für die Rückwärtsfahrt und besaß damit 23 Vorwärts- und sechs Rückwärtsgänge. ◀

TECHNISCHE DATEN

Typ	TG275
Bauzeit	2006–2007
Motor	CNH
Verfahren	Direkteinspritzer, Turbolader, Ladeluftkühlung, CommonRail
Kühlung	Flüssigkeitskühlung
Zylinder	6
Hubraum	8.300 ccm
Nenndrehzahl	2.200 U/min
Leistung	273 PS
Gänge	18V 4R, 19V 4R oder 23V 6R
Gewicht	9.240 kg
Länge	5.830 mm
Höhe	3.330 mm
Radstand	3.078 mm

Die über Zapfwelle angetriebenen Maschinen werden immer größer. Für den praktischen Einsatz ist deshalb nicht nur die am Motor gemessene PS-Zahl wichtig, sondern auch die Leistung, die der Traktor an der Zapfwelle erbringen kann.

Eine geräumige Kabine ist Teil des Großtraktors TG305. Die Seiten sind durchgehend bis zum Boden verglast, sodass nach allen Seiten ein fast ungehinderter Ausblick möglich ist. Über die Betriebszustände des Traktors und Einstellungen kann sich der Fahrer auf dem IntelliView-Monitor informieren.

Leistung: Ebenfalls aus dem Case-IH-Werk in Racine kam 2006 der New Holland TG305. Bei diesem Modell handelte es sich um den stärkeren Bruder des TG275. In Hinsicht auf die Maße und die Ausstattung waren die beiden Modelle fast identisch. Der TG305 war dank seines mehr Pferdestärken leistenden Motors das stärkste Modell unter den TG-Schleppern. Die Nennleistung betrug 307 PS, was sich in der Typenbezeichnung widerspiegelte. An der Zapfwelle wurden 255 PS gemessen, an der Zugstange konnten 219 PS ermittelt werden.

Ausstattung: Zur Standardausstattung des TG305 gehörte eine leistungsfähige Hydraulik. Auf Wunsch konnte der Traktor mit der MegaFlow-Pumpe ausgerüstet werden. Mit dieser Ausstattung war eine Ölförderleistung von 265 Litern pro Minute möglich. Die maximale Hubkraft des Heckkrafthebers lag in der Standardausführung bei 7.301 Kilogramm. Mit der optionalen stärkeren Version betrug sie 8.129 Kilogramm.

2007 wurden die TG-Modelle von der Baureihe T8000 abgelöst. Der Nachfolger des TG305 hieß T8040. ◀

Moderne Großtraktoren wie der TG305 sind bereits standardmäßig mit zahlreichen Technologien ausgestattet, um die Bedienung durch den Fahrer zu vereinfachen und die Einarbeitungszeit möglichst kurz zu halten. Zu der optionalen Ausstattung gehört das Vorgewende-Management, mit dem sich bestimmte Funktionen automatisieren lassen.

TECHNISCHE DATEN

Typ	TG305
Bauzeit	2006–2007
Motor	CNH
Verfahren	Direkteinspritzer, Turbolader, Ladeluftkühlung, CommonRail
Kühlung	Flüssigkeitskühlung
Zylinder	6
Hubraum	8.300 ccm
Nenndrehzahl	2.200 U/min
Leistung	308 PS
Gänge	18V 4R, 19V 4R oder 23V 6R
Gewicht	9.240 kg
Länge	5.830 mm
Höhe	3.330 mm
Radstand	3.078 mm

NEW HOLLAND TJ500

Der TJ500 war mit einem PowerShift-Getriebe mit 16 Vor- und zwei Rückwärtsgängen ausgestattet. Der Richtungswechsel konnte ohne das Durchtreten der Kupplung vollzogen werden. Im Arbeitsbereich von 4,8 bis 12,8 km/h befanden sich neun Gänge, sodass der Fahrer genügend Auswahl für die Arbeit mit einer Maschine hatte.

TECHNISCHE DATEN

Typ	TJ500
Bauzeit	2004–2005
Motor	Cummins QSX 15
Verfahren	Direkteinspritzer, Turbolader, Ladeluftkühlung
Kühlung	Flüssigkeitskühlung
Zylinder	6
Hubraum	15.000 ccm
Nenndrehzahl	2.000 U/min
Leistung	500 PS
Gänge	16V 2R
Gewicht	k. A.
Länge	8.060 mm
Höhe	3.860 mm
Radstand	3.910 mm

Leistung: Die oberste Leistungsklasse der New-Holland-Traktoren bildete ab 2002 die TJ-Serie. Für die Produktion zuständig war das ehemalige Steiger-Werk in Fargo, wo man mit dem Bau von Großtraktoren seit Langem Erfahrung hatte. Als stärkstes Modell der TJ-Reihe kam 2004 der TJ500 auf den Markt. Die Typenbezeichnung entsprach auch hier der Nennleistung, nämlich 500 PS. Als Maximalleistung des Cummins-Motors wurden 550 PS angegeben. Bei 440 PS lag die Leistung an der Zapfwelle.

Ausstattung: Die Motoren werden zwar immer sparsamer, aber um lange Einsatzzeiten ohne Tankunterbrechung zu ermöglichen, war der TJ500 mit einem 1.136 Liter fassenden Tank ausgestattet. Den Kraftstoffverbrauch und die Tankfüllung konnte sich der Fahrer jederzeit vom Fahrerinformationssystem anzeigen lassen. Zu den anderen Daten, die automatisch geliefert wurden, gehörten die Geschwindigkeit und der Radschlupf. Außerdem wurde angezeigt, wann wieder Wartungsarbeiten durchzuführen waren. Die Überwachung der Betriebszustände konnte den Traktor vor Schäden schützen. Falls der Öldruck zu tief sank, wurde der Motor automatisch abgestellt. ◂

Der über acht Meter lange TJ500 konnte eine Höchstgeschwindigkeit von 38 Stundenkilometern erreichen. Die Auto-Skip-Funktion ermöglichte ein schnelles Hochschalten, indem jeder zweite Gang übersprungen wurde. Um den Giganten, falls nötig, schnell abbremsen zu können, war er mit groß dimensionierten Nassscheibenbremsen ausgestattet.

Großtraktoren wie der TJ530 sind für den Einsatz auf sehr großen Flächen konzipiert. Damit es beim Säen, Spritzen oder der Bodenbearbeitung keine Auslassungen oder Überlappung der Spuren gibt, kann der Schlepper mit dem GPS-gestützten Spurführungssystem IntelliSteer ausgestattet werden. Dies entlastet den Fahrer und hilft Kosten zu sparen.

Modelle: 2006 erfolgte die offizielle Einführung der zweiten Generation der TJ-Traktoren. Sechs neue Modelle lösten die sechs Schlepper der ersten TJ-Serie ab. Es handelte sich um die Modelle TJ280, TJ330, TJ380, TJ430, TJ480 und TJ530. Die Zahlen in der Typenbezeichnung entsprachen ungefähr den jeweiligen Nennleistungen. Das stärkste Modell war zugleich das neue New-Holland-Flaggschiff. Der in Fargo gebaute Knicklenker konnte eine Nennleistung von 530 PS bei 2.100 Umdrehungen pro Minute verweisen. Die maximale Leistung konnte sogar 584 PS erreichen. Die Leistung an der Zapfwelle, die für viele Käufer ein wichtigerer Wert war, betrug 469 PS.

Ausstattung: Ein anderer wichtiger Wert in Bezug auf die Motorleistung ist der Drehmomentanstieg, der sehr gute 40 Prozent erreichte. Das Sechszylinder-Aggregat, das für die hervorragenden Werte zuständig war, wurde von dem Motorenhersteller Cummins geliefert. Eine verbesserte Kühlung, die elektronische Motorregelung und die Verwendung anderer Spitzentechniken ermöglichten das Einhalten der neuen Abgasbestimmungen. Der TJ530 befand sich bis 2007 im Bau und wurde dann vom T9060 abgelöst. ◂

TECHNISCHE DATEN

Typ	TJ530
Bauzeit	2006–2007
Motor	Cummins QSX15
Verfahren	Direkteinspritzer, Turbolader, Ladeluftkühlung
Kühlung	Flüssigkeitskühlung
Zylinder	6
Hubraum	15.000 ccm
Nenndrehzahl	2.100 U/min
Leistung	530 PS
Gänge	16V 2R
Gewicht	24.494 kg (maximal)
Länge	7.558 mm
Höhe	3.818 mm
Radstand	3.911 mm

Die Großraumkabine des TJ530 ist nicht nur die Schaltzentrale der Zugmaschine, sie ist auch ein fahrendes Büro, in dem sich Daten sammeln und auswerten lassen. Eine automatische Temperaturregelung, ein gefederter Ledersitz, gepolsterte Armlehnen und ein Teppich auf dem Boden vermitteln eine komfortable Atmosphäre.

Die neuen Giganten

Die Zukunft der Großen

Einige der Großtraktoren haben mittlerweile mit ihrer Motorleistung die 600-PS-Marke erreicht. Dies ist ein Wert, der noch vor 50 Jahren unvorstellbar war. Manche fragen sich, wie lange die Entwicklung zu immer höheren Leistungswerten noch weitergehen kann. Tatsächlich hat die Motorentechnik solche Fortschritte gemacht, dass in naher Zukunft noch bedeutend stärkere Antriebsaggregate zu erwarten sind. Die Probleme tauchen dann auf, wenn es darum geht, die Motorleistung in eine effektive Zugleistung zu verwandeln. Vier Räder, auch wenn sie doppelt oder dreifach bereift sind, reichen oft nicht mehr aus, um die Kraft auf den Boden zu übertragen. Manche Hersteller experimentieren deshalb mit mehrachsigen Traktoren. Dazu gehören die AGCO-Marke Fendt, die einen dreiachsigen Prototypen vorgestellt hat, und Deutz-Fahr, das einen Traktorgiganten mit zwei Doppelachsen erprobt.

Einen enorm leistungsfähigen Antriebsgenerator hat dieser Challenger unter der Motorhaube. Dem Bandlaufwerk fällt die Aufgabe zu, die Motorleistung auf den Boden zu bringen.

Ein ungebremstes Leistungswachstum

Andere setzen auf die Bandlaufwerke, die sich im obersten Leistungsbereich mittlerweile fest etabliert haben. Nach Angaben von Case IH kommt es bei Radtraktoren unter normalen Verhältnissen zu einem Radschlupf von zehn bis zwölf Prozent. Bei Quadtrac-Modellen beträgt der Schlupf nur zwei bis drei Prozent. Der Einführung neuer Modelle mit noch stärkeren Motoren dürfte damit nichts im Wege stehen.

Aber wer soll solche Traktoren kaufen? Der Bedarf an Schleppern der obersten Leistungsklasse, also solchen, die an die 600-PS-Marke herankommen, wird für West- und Mitteleuropa nur auf jährlich 200 bis 250 Stück geschätzt. Anders schaut es auf dem weltweiten Markt aus. Vor allem Nordamerika und die GUS-Staaten – Russland und einige Länder der ehemaligen Sowjetunion – kommen als Zielgruppe für solche Giganten infrage. Der weltweite Bedarf wird auf 11.000 Einheiten geschätzt. Dies ist ein enormer Markt für die Hersteller, was auch der russische Landtechnikkonzern Rostselmash erkannt hat, der das kanadische Unternehmen Bühler mit den Versatile-Traktoren übernommen hat und die Giganten mittlerweile in Russland produziert.

Für einen effizienten Einsatz der Großtraktoren sind Maschinen nötig, die ein genaues Arbeiten ermöglichen. Die Kommunikation zwischen Traktor und Maschine wird immer wichtiger.

Neue Aufgaben

Was den Trend zu Großtraktoren verstärkt, ist die sich wandelnde Bedeutung der Landwirtschaft. In den westlichen Ländern mag man bei der Nahrungsmittelproduktion die bäuerlichen, noch nicht industrialisierten Betriebe bevorzugen. Aber die Bedeutung der Landwirtschaft als Lieferant von nachwachsenden Rohstoffen wächst beständig. Der Landhunger und der Bedarf an landwirtschaftlichen Produkten steigt mit dem wachsenden Wohlstand einiger Schwellenländer und den steigenden Ölpreisen exponential. Bei der Befriedigung dieser Nachfrage in einer ef-

Knicklenker mit Rädern, Knicklenker mit Quadtrac-Laufwerken sowie Schlepper mit Achsschenkellenkung gehören heute zum Großtraktorenprogramm von Case IH.

fizienten Weise leisten die großen Traktoren und Landmaschinen einen unerlässlichen Beitrag.

Moderne Großtraktoren sind hoch technisierte Fahrzeuge. Dies betrifft zum einen die Motortechnik, von der immer mehr verlangt wird, um die Leistung noch weiter zu steigern, gleichzeitig aber Schadstoffemissionen und den Verbrauch zu senken. Einerseits sind es die amerikanischen und europäischen Umweltschutzbehörden, die mit immer strikteren Reglementierungen die Innovation der Techniker herausfordern, andererseits aber die Käufer der teuren Hightechmaschinen, die mit steigenden Kraftstoffpreisen zu kämpfen haben.

Der intelligente Traktor

Die Effizienz und Rentabilität der Großtraktoren wird jedoch noch mithilfe anderer technischer Entwicklungen gesteigert. Diese Technologien werden unter dem Begriff „Präzisionslandwirtschaft" zusammengefasst. Manchmal wird auch der englische Ausdruck „precision farming" verwendet. Die Bezeichnung deutet bereits darauf hin, dass es um ein exaktes Arbeiten geht. Es soll genau so viel Aufwand betrieben werden, wie nötig ist. Beim Säen, Düngen und Spritzen soll nur die Menge ausgebracht werden, die einen optimalen Ertrag sicherstellt. Dazu gehören Lenkhilfen und automatische Spurführungssysteme, die bei der Feldarbeit Auslassungen und Überschneidungen verhindern sollen. Aber auch die Maschinen, die über das ISO-BUS-System mit dem Traktor und dem Bordcomputer, dem elektronischen Gehirn des Fahrzeugs, verbunden sind, können genau gesteuert werden, um ein Zuviel oder Zuwenig an Dünger oder Pflanzenschutzmittel zu vermeiden.

Die Traktorgiganten werden nicht nur größer und stärken, sie werden auch intelligenter. ◂

Die heutigen Großschlepper, wie dieser T9060 von New Holland, ermöglichen den Einsatz riesiger Maschinen. Wichtig ist jedoch auch die genaue Steuerung dieser Maschinen.

Der Versatile 305 wurde als starker Reihenfruchttraktor konzipiert, mit dem die Ansprüche der Kunden an eine einfache Robustheit und Stärke vollauf befriedigt wurden. Der 8,3 Liter große Motor wird von der Firma Cummins bezogen und bringt es auf eine Leistung von 305 PS.

TECHNISCHE DATEN

Typ	Versatile 305
Bauzeit	ab 2010
Motor	Cummins QSC mit Common-Rail
Verfahren	Common-Rail-Hochdruckeinspritzung, Turbolader, Ladeluftkühlung
Kühlung	Flüssigkeitskühlung
Zylinder	6
Hubraum	8,3 Liter
Nenndrehzahl	2.100 U/min
Leistung	305 PS
Gänge	16V 9R
Gewicht	9.095 kg
Länge	5.210 mm
Höhe	3.175 mm
Radstand	3.185 mm

Modelle: Die vier Buchstaben MFWD stehen für Mechanical Front-Wheel Drive, was so viel bedeutet wie mechanischer Vorderradantrieb. Die Traktoren dieser Reihe haben einen konventionellen zuschaltbaren Vorderradantrieb. Versatile bietet mit dieser Baureihe Reihenfrucht-Traktoren mit Leistungen von 250, 280 und 305 PS an. Sie besitzen einen Kraftheber der Kategorie III mit einer Hubkraft von 6.804 Kilogramm. Für Einsätze auf den weiten Feldern Nordamerikas oder Osteuropas wurden sie mit einem Kraftstofftank ausgestattet, der Platz für 416 Liter bietet.

Technik: Der Cummins-Motor wird als auch beim Kaltstart besonders zuverlässig beschrieben. Dank seiner großen Laufruhe sorgt er für ein entspanntes Fahren. Das PowerShift-Getriebe hat 16 Vorwärtsgänge und ist auf die verschiedenen Arbeiten abgestimmt. Die Höchstgeschwindigkeit auf der Straße liegt bei 40 Stundenkilometern. Mit dem System V-PAS kann der Schlepper für Precision Farming ausgestattet werden, was die Feldarbeit effizienter gestaltet. Die Kabine ist für lange Arbeitstage ausgerichtet. Sie ist geräumig und bietet allen Komfort. ◂

Mit einem Drehmomentanstieg von 43 Prozent kann der Versatile 280 aufwarten. Er ist das mittlere der drei MFWD-Modelle des kanadischen Herstellers, der inzwischen einen russischen Besitzer hat. Die Leistung des Versatile 280 beträgt 280 PS oder 209 kW. Auch er hat ein 16-Gang-Getriebe.

Der Versatile 375 gehört zu der Baureihe im Leistungsbereich von 305 bis 400 PS, die seit 2008 aus dem Traktorenwerk in Winnipeg läuft. Wie die anderen Schlepper seiner Größenklasse ist der 375 ein Knicklenker. Der Knickwinkel kann bis zu 42 Grad betragen, was einen relativ engen Wendekreis ermöglicht.

Geschichte: 2008 führte der in Winnipeg, der Hauptstadt der kanadischen Provinz Manitoba, ansässige Großtraktorenhersteller Bühler eine neue Baureihe von Versatile-Traktoren im Leistungsbereich von 305 bis 400 PS ein. Der Markenname Versatile erschien zu dieser Zeit bedeutend kleiner auf der Motorhaube als der Firmenname, aber nachdem Bühler vom russischen Landtechnikkonzern Rostselmash übernommen worden war, präsentierten sich die Versatile-Traktoren ohne den Namen Bühler.

Modelle: Die 2008 eingeführte Baureihe bestand aus den Modellen 305, 340, 375 und 400, wobei die Typenbezeichnung die jeweilige Nennleistung wiedergibt. Die Maximalleistung liegt höher. Der Cummins-Motor des Versatile 305 kann bis zu 330 PS leisten. Bei 375 PS liegt die Höchstleistung des 340. Mit einer maximalen PS-Zahl von 405 PS glänzt der 375, und auf 430 PS bringt es der Versatile 400.

Technik: Der Käufer der Versatile-Schlepper kann zwischen zwei Getrieben wählen. Standardausrüstung ist das Quadshift-Getriebe mit zwölf Vorwärtsgängen in drei Gruppen sowie vier Rückwärtsgängen. Optional ist das PowerShift-Getriebe, das über zwölf Vorwärts- und zwei Rückwärtsgänge verfügt und ein komfortableres Schalten ermöglicht. ◀

TECHNISCHE DATEN

Typ	Versatile 400
Bauzeit	ab 2008
Motor	Cummins QSM11
Verfahren	Turbolader, Ladeluftkühlung, CommonRail
Kühlung	Flüssigkeitskühlung
Zylinder	6
Hubraum	11.000 ccm
Nenndrehzahl	k. A.
Leistung	400 PS
Gänge	12V 4R oder 12V 2R
Gewicht	14.515 kg
Länge	6.980 mm
Höhe	3.630 mm
Radstand	3.600 mm

Der Versatile 400 ist das stärkste Mitglied der Baureihe. Verglichen mit früheren Modellen bekam der Versatile 400 eine verbesserte Luftzufuhr und eine optimierte Kühlung. Auch der Kraftstofftank wurde vergrößert. Er fasst nun bis zu 946 Liter Diesel. 75,7 Liter Öl befinden sich im Hydrauliksystem.

Der Versatile 485 hat eine Länge von 763 Zentimetern und einen Radstand von 383 Zentimetern. Beim Wenden kommt er jedoch trotz seiner Größe mit einem Wenderadius von 486 Zentimetern zurecht. Trotz der großen Felder, auf denen die Schlepper aus Winnipeg eingesetzt werden, ist eine hohe Wendigkeit wichtig.

TECHNISCHE DATEN

Typ	Versatile 535
Bauzeit	ab 2004
Motor	Cummins QSX15
Verfahren	Turbolader, Ladeluftkühlung, CommonRail
Kühlung	Flüssigkeitskühlung
Zylinder	6
Hubraum	15.000 ccm
Nenndrehzahl	k. A.
Leistung	535 PS
Gänge	12V 4R oder 16V 4R
Gewicht	19.050 kg
Länge	7.630 mm
Höhe	3.450 mm
Radstand	3.930 mm

Geschichte: Als Antwort auf die wachsende Nachfrage nach Schleppern der obersten Leistungsklasse führte Bühler 2004 die Versatile-HHT-Serie ein. Die Abkürzung HHT steht für „High Horsepower Tractor" (Traktor mit vielen Pferdestärken). Die Baureihe bestand aus den Modellen 435, 485, 535 und 575, wobei die Typenbezeichnung jeweils die Nennleistung in PS wiedergibt. Das stärkste Modell und damit auch das Flaggschiff der Versatile-Traktoren ist der 535, dessen Maximalleistung mit 570 PS angegeben wird.

Dass die Versatile-Schlepper zu den leistungsfähigsten landwirtschaftlichen Maschinen der Welt gehören, stellte der Versatile 535 im Juli 2010 unter Beweis, als er bei dem russischen Dorf Kevsala innerhalb von 24 Stunden 417,4 Hektar pflügte und damit einen neuen Weltrekord aufstellte.

Technik: Die Versatile-HHT-Traktoren setzten sich aus Hochleistungskomponenten zusammen. Dazu gehört der 15 Liter große Cummins-Motor, der einen Drehmomentanstieg von 35 Prozent verzeichnen kann. Der Tank aller vier Modelle fasst 946

Das 535 PS starke Flaggschiff der Versatile-Traktoren zählt zu den größten und stärksten Schleppern der Welt. Aber nicht nur eine hohe Motorleistung, sondern auch eine leichte Bedienbarkeit spielt bei den Großtraktoren eine wichtige Rolle, da bei dieser Schlepperklasse ein häufiger Fahrerwechsel stattfindet.

Liter, sodass lange Zeit ohne Unterbrechung gearbeitet werden kann.

Ausstattung: Zur Standardausstattung gehört das Quadshift-Getriebe mit zwölf Vorwärts- und vier Rückwärtsgängen. Die Höchstgeschwindigkeit liegt bei dieser Ausführung bei 27 Stundenkilometern. Optional ist das PowerShift-Getriebe, das ebenfalls zwölf Vorwärtsgänge, aber nur zwei Gänge für die Rückwärtsfahrt bietet. Neben einer komfortableren Bedienung hat diese Version auch den Vorteil einer höheren Geschwindigkeit, nämlich bis zu 35 Kilometer pro Stunde. ◂

Traktoren finden zunehmend außerhalb der Landwirtschaft ein Einsatzfeld. Besonders die Schlepper der obersten Leistungsklasse sind als Hochleistungszugmaschinen konzipiert und deshalb hervorragend für schwerste Arbeiten in verschiedenen Bereichen geeignet.

Zwei Modelle der Versatile-HHT-Serie sind als Scraper-Versionen für Erdbewegungsarbeiten verfügbar, nämlich der 435SS und der 485SS. Sie sind standardmäßig mit einem Caterpillar-PowerShift-Getriebe ausgestattet. Die Hochleistungsachsen sind konstruiert, um starken Belastungen standzuhalten.

Special: Raupentraktoren

Die Erfindung des Rads war sicherlich eines der kulturell bedeutendsten Ereignisse in der Menschheitsgeschichte. Das Rad ermöglichte den Bau von Fahrzeugen, ob sie nun gezogen wurden oder selbst fuhren. Aber Räder hatten auch Nachteile. Dies mussten die Bauer von dampfgetriebenen Zuglokomobilen feststellen.

Caterpillar und die Raupenschlepper

Benjamin Holt, der bereits gegen Ende des neunzehnten Jahrhunderts in Kalifornien Mähdrescher und Dampftraktoren herstellte, war einer von ihnen. Das enorme Gewicht der Maschinen führte dazu, dass sie oft in dem weichen Untergrund stecken blieben oder Bodenverdichtung verursachten. Zunächst versuchte Holt dem Problem mit größeren Rädern zu begegnen. Eine andere Möglichkeit bestand darin, die Fahrzeuge auf Gleisketten fahren zu lassen, was damals bereits eine bekannte, jedoch wenig ausgereifte Technik war. Nachdem Holt 1903 nach England gereist war, um sich über die dort gebauten Gleiskettenlaufwerke zu informieren, baute er in seiner Fabrik selbst einen Traktor mit einem solchen Laufwerk. Während der Tests machte jemand die Bemerkung, dass sich das Fahrzeug wie eine Raupe (englisch „caterpillar") fortbewege – damit war auch der Marken- und spätere Firmenname Caterpillar geboren.

Die Marke Challenger ist heute Teil des großen Landtechnikkonzerns AGCO. Von Caterpillar stammen jedoch immer noch die Motoren und die Getriebe der großen Schlepper. Es sind drei Baureihen, die auf Gummibändern laufen. Einige Modelle gehören zu den stärksten Traktoren der Welt.

Traktoren mit Gleisketten

Caterpillar stieg aus dem Bau von landwirtschaftlichen Traktoren aus und konzentrierte sich auf den Baumaschinenbereich. Aber andere Schlepperhersteller bauten Raupentraktoren. Dazu gehörten Lanz und Deutz, aber vor allem Hanomag und Renault. Aber so richtig durch-

Mit dem Quadtrac-System entwickelte Case IH ein eigenes Bandlaufwerk. Der Traktor fährt bei diesem System auf vier selbstständigen Laufwerken. Die Steuerung erfolgt wie bei den anderen Traktoren der obersten Leistungsklasse über die Knicklenkung. Der Vorteil ist, dass die Bänder bei der Kurvenfahrt nicht auf dem Boden radieren.

setzen konnten sich die Raupenschlepper im Agrarbereich nicht, denn die stählernen Gleisketten verursachten Schäden an den Straßen und beim Lenken auf der Ackeroberfläche. Sie blieben deswegen vor allem dem Bereich für Sonderkulturen, wie dem Wein- und Obstbau, vorbehalten.

Traktoren auf Gummibändern

1987 war ein bedeutendes Datum in der Traktortechnik, denn in diesem Jahr überraschte Caterpillar die Öffentlichkeit mit einem neuartigen Laufwerk, bei dem keine stählernen Gleisketten, sondern Bänder, die aus mehreren Lagen von Gummi und Stahl bestanden, als Lauffläche zum Einsatz kamen. Das Mobil-Trac-System, wie das Caterpillar-Laufwerk hieß, war bodenschonend und gefedert. Es brachte den Wiedereinstieg Caterpillars mit den Challenger-Traktoren in die Landtechnikbranche mit sich. John Deere und Case IH entwickelten daraufhin ihre eigenen Bandlaufwerke. Caterpillar stieg schon bald wieder aus dem Geschäft aus und verkaufte die Challenger-Traktoren an AGCO. ◂

John Deere, der weltweit größte Traktorenhersteller, führte 1997 ebenfalls Bandlaufwerke ein. Es waren zunächst einige Modelle der 8000-Reihe und im folgenden Jahr Schlepper der 9000-Serie, die mit diesen Laufwerken ausgestattet waren. Die Ähnlichkeit mit dem Mobil-Trac-System führte zu einem langen Rechtsstreit mit Caterpillar.

Mit den Challenger-Traktoren schaffte Caterpillar den Wiedereinstieg in die Landtechnikbranche. Die gelben Schlepper gehörten zu den leistungsstärksten Modellen. Nur in der Oberklasse ließen sich solche Laufwerke, die einen gewissen Aufpreis erforderten, rentabel einsetzen.

Mit dem starken Caterpillar-Motor unter der Haube und dem Bandlaufwerk war der Challenger MT865B auch für schwieriges Gelände gerüstet. Bei Tests hatte der Raupentraktor ebenso wie das stärkste Modell der Reihe, der MT875B, Spitzenwerte erzielt und neue Maßstäbe in der obersten Leistungsklasse gesetzt.

TECHNISCHE DATEN

Typ	MT865B
Bauzeit	2005–2008
Motor	Caterpillar C18
Verfahren	Turbolader, Ladeluftkühlung, ACERT-Technik
Kühlung	Flüssigkeitskühlung
Zylinder	6
Hubraum	18.100 ccm
Nenndrehzahl	2.100 U/min
Leistung	510 PS
Gänge	16V 4R
Gewicht	20.096 kg
Länge	6.754 mm
Höhe	3.510 mm
Radstand	2.990 mm

Geschichte: Die Marke Challenger hatte sich als Pionier in der Bandlaufwerkstechnik bereits einen Namen gemacht, als die gelben Schlepper noch zu Caterpillar gehörten. Nach der Übernahme durch AGCO pflegten die neuen Eigentümer das Marken-Image nicht nur in Hinsicht auf die Raupentechnik, sondern auch in Bezug auf die Motorleistung, wo die Challenger-Traktoren an der Spitze fuhren.

Leistung: 2005 brachte AGCO mit der MT800B-Serie die neueste Challenger-Generation auf den Markt. Die Baureihe setzte sich aus fünf Modellen zusammen, von denen der MT865B die Position des zweitstärksten Mitglieds einnahm. Als Antriebsgenerator diente, wie bei Challenger üblich, ein Caterpillar-Motor. Das 18,1 Liter große Aggregat erbrachte eine Nennleistung von 510 PS und eine Maximalleistung von 534 PS. Die beim Nebraska-Test ermittelte Leistung an der Zugstange betrug beachtliche 477 PS. Bei 42 Prozent lag der Drehmomentanstieg des Motors. Außerdem war der Challenger MT865B in Hinsicht auf den Kraftstoffvorrat großzügig ausgestattet. 1.249 Liter konnte der Tank fassen. ◂

Zeit ist auch in der Landwirtschaft ein knappes Gut. Deswegen ist es wichtig, eine Arbeit möglichst schnell erledigen zu können. Der Challenger MT865B bietet die nötige Kraft und Ausstattung, um auch schwere Arbeiten mit großen Maschinen ohne Zeitverlust ausführen zu können.

Nicht nur in Hinsicht auf die Motortechnik erfuhr der MT875B, verglichen mit den Vorgängern, eine Verbesserung, auch als Arbeitsplatz wurde der Schlepper noch attraktiver gemacht. Der Geräuschpegel, dem der Fahrer in der Kabine ausgesetzt ist, konnte um 2,3 dB auf durchschnittlich 73 dB gesenkt werden.

Leistung: Als der MT875B auf der Agritechnica 2005 in Hannover einem breiten Publikum vorgestellt wurde, erregte er als stärkster in Serie produzierter Traktor der Welt nicht nur unter den interessierten Besuchern, sondern auch in der Fachpresse Aufsehen. Mit 570 PS gab AGCO die Nennleistung des Großtraktors an. Aber als Maximalleistung erreichte er sogar die 600-PS-Marke. Beim Testen konnte an der Zugstange der hervorragende Wert von 506,4 PS ermittelt werden.

Ausstattung: Produktionsstandort für diese Schlepper der obersten Leistungsklasse war das AGCO-Werk in Jackson, im amerikanischen Bundesstaat Minnesota. Die von Caterpillar gelieferten Motoren verfügten über die ACERT-Technologie, deren Aufgabe unter anderem die Überwachung der vier Hauptsysteme des Motors ist, nämlich des Kraftstoff-, des Luft-, des Abgasaufbereitungssystems sowie der Elektronik. Mithilfe dieser Technologie können ein hoher Wirkungsgrad der Kraftstoffverbrennung und ein minimaler Abgasausstoß erreicht werden. Zu den Besonderheiten der Caterpillar-Motoren gehörte der große Hubraum, der bei den beiden leistungsstärksten Modellen der MT800B-Baureihe 18,1 Liter maß. ◀

TECHNISCHE DATEN

Typ	MT875B
Bauzeit	2005–2008
Motor	Caterpillar C18
Verfahren	Turbolader, Ladeluftkühlung, ACERT-Technik
Kühlung	Flüssigkeitskühlung
Zylinder	6
Hubraum	18.100 ccm
Nenndrehzahl	2.100 U/min
Leistung	570 PS
Gänge	16V 4R
Gewicht	19.822 kg
Länge	6.754 mm
Höhe	3.510 mm
Radstand	2.990 mm

Wie viele andere Traktoren der obersten Leistungsklasse werden auch die Challenger-Schlepper für Aufgaben außerhalb der Landwirtschaft, die eine hohe Zugleistung erfordern, eingesetzt. Dieser MT875B ist im Straßenbau tätig. Durch das Raupenlaufwerk kann er die Motorkraft hervorragend in Zugkraft umsetzen.

Mit dem Advance Farming System (AFS) kann dieser Case IH STX330 bei der Arbeit mit der Sämaschine genau die Spur halten, um Überlappungen und ausgelassene Stellen zu vermeiden. Der Empfänger für das GPS-gestützte System befindet sich auf dem Dach des Schleppers.

Geschichte: Case IH führte 2006 eine aus fünf Modellen bestehende neue Generation der STX-Reihe ein. Die Produktion der großen Knicklenker fand auch diesmal in dem Steiger-Werk in Fargo statt. Der Markenname Steiger erschien nun auch wieder deutlich sichtbar auf dem Kühlergrill der Großtraktoren.
Den Ingenieuren in Fargo war bewusst, dass der Erfolg nicht nur von der technischen Weiterentwicklung abhing, sondern auch davon, dass die Kundenwünsche Berücksichtigung fanden. Bei Case IH wertete man deshalb Hunderte von Fragebögen aus und befragte zahlreiche Kunden persönlich, um herauszufinden, was die Zielgruppe von großen Traktoren, wie den STX-Modellen, erwartete. Die daraus gewonnenen Erkenntnisse flossen in die Entwicklung der neuen Großschleppergeneration mit ein.
Leistung: Der STX330 zählte mit seiner Nennleistung von 330 PS zwar immer noch zu den Großtraktoren, war aber das zweitschwächste Modell der neuen STX-Reihe. Der Motor stammte aus der Pro-

TECHNISCHE DATEN

Typ	STX330
Bauzeit	2006–2007
Motor	CNH
Verfahren	Turbolader, Ladeluftkühlung
Kühlung	Flüssigkeitskühlung
Zylinder	6
Hubraum	9.000 ccm
Nenndrehzahl	2.000 U/min
Leistung	330 PS
Gänge	16V 2R
Gewicht	17.962 kg
Länge	k. A.
Höhe	k. A.
Radstand	3.530 mm

Die Abstände zwischen den Reifen erlauben dem STX330 die Arbeit auf den Reihenfruchtfeldern, ohne die Nutzpflanzen zu beschädigen. Der Reihenfrucht-Kultivator 1830, den der Traktor am Heckanbauraum angebaut hat, erfordert bei der größten Ausführung eine Mindestleistung von 145 PS an der Zapfwelle.

Großballenpressen wie diese LBX432 von Case IH verlangen vom Traktor eine nicht geringe Leistung. Die Mindestanforderung dieser Ballenpresse beträgt 122 PS in der Standardausführung und 150 PS bei der Version mit Schneidwerk. Da der STX330 eine Leistung an der Zapfwelle von 269 PS vorweisen kann, hat dieser Traktor kein Problem damit.

duktion von Case New Holland. Als Höchstleistung wurden 363 PS angegeben. Die Leistung an der Zapfwelle, die für viele wichtiger war, betrug 269 PS. **Ausstattung:** Einer der Gründe für die Einführung der neuen Modelle waren die erhöhten Ansprüche an die Motorentechnik gewesen. Eine verbesserte Kühlung, eine optimierte Turboladung und die Ladeluftkühlung gehörten unter anderem zu den Maßnahmen, mit denen die hochgesteckten Ziele erreicht werden konnten. Zum Schalten stand, wie schon bei der vorhergehenden Modellgeneration, das PowerShift-Getriebe mit 16 Vorwärts- und zwei Rückwärtsgängen zur Verfügung. ◂

Dieser STX330 zieht eine Drillmaschine, die der Größenklasse des Traktors entspricht. Die Maschine arbeitet mit Direktsaat und ermöglicht ein genaues Ablegen der Saatkörner. Der Säwagen ADX2230, der hinter der Drillmaschine angehängt ist, stammt ebenfalls von Case IH und kann bis zu 8.105 Liter Saatgut mitführen.

Der STX480QT ist die Quadtrac-Ausführung des STX480. Die beiden Versionen hatten dieselbe Leistung. Das Bandlaufwerk wurde von den Case-IH-Technikern einer ständigen Weiterentwicklung unterzogen, sodass nun beide Versionen gleich schnell sind.

Leistung: Der STX480 war das zweitstärkste Modell der neuen Knicklenker-Generation von Case IH. Er war außerdem eines der vier Mitglieder der Baureihe, die neben der Radausführung auch in einer Version mit den Quadtrac-Bandlaufwerken erhältlich waren. Unter seiner Haube arbeitete ein 15 Liter großer Motor von Cummins. Die Nennleistung wurde mit 480 PS angegeben, was sich in der Typenbezeichnung niederschlug. Als maximale Leistung wurden jedoch 529 PS ermittelt. Die Zapfwellenleistung betrug 429 PS. Der Drehmomentanstieg des Sechszylinder-Motors lag bei 40 Prozent. **Technik**: Mit diesen Werten war der STX480 für die größten Maschinen und die anspruchsvollsten Arbeiten gerüstet. Im Vergleich zu früheren Modellen wurde bei den neuen STX-Schleppern, außer

TECHNISCHE DATEN

Typ	STX480
Bauzeit	2006–2007
Motor	Cummins QSX15
Verfahren	Turbolader, Ladeluftkühlung
Kühlung	Flüssigkeitskühlung
Zylinder	6
Hubraum	15.000 ccm
Nenndrehzahl	2.000 U/min
Leistung	480 PS
Gänge	16V 2R
Gewicht	24.494 kg
Länge	k. A.
Höhe	k. A.
Radstand	3.910 mm

beim stärksten Exemplar, die Nenndrehzahl verringert. Sie lag beim STX480 bei 2.000 Umdrehungen pro Minute. Die Vorteile davon waren eine Steigerung der Kraftstoffeffizienz, eine geringere Lärmentwicklung und eine verlängerte Lebenserwartung des Motors.

Ausstattung: Der Case IH STX480 war wie die anderen Modelle der Baureihe mit der luxuriösen Surveyor-Kabine ausgestattet. Nach Herstellerangaben handelte es sich dabei um die größte Kabine der Branche. Die Sicht des Fahrers wurde kaum durch ein Objekt behindert. Um die Kräfte des Fahrzeuglenkers an langen Arbeitstagen und -nächten zu schonen, war der Optima-Sitz entwickelt worden. Eine ausgefeilte Federung sorgte selbst auf unebenem Gelände für eine ruhige Fahrt. Viele Bedienelemente waren ergonomisch an der rechten Armlehne angebracht, sodass der Fahrer Einstellungen vornehmen konnte, ohne den Arm heben zu müssen. Das PowerShift-Getriebe des STX480 verfügt über 16 Gänge für die Vorwärtsfahrt. Davon liegen neun im Hauptarbeitsbereich von fünf bis 13 km/h. Je nach Reifengröße können dadurch Temposchritte von 0,8 Stundenkilometern geschaltet werden. ◀

Die starke Motorleistung, verbunden mit dem Bandlaufwerk, das die Kraftübertragung auf den Boden verbessert, machen den STX480QT zu einer idealen Maschine für Einsätze mit dem Schürfzug. Dieser STX480QT zieht einen Schürfwagen der Firma Reynolds International, des größten Herstellers solcher Erdbewegungsgeräte.

Dieser STX480 ist mit dem bodenschonenden Quadtrac-Laufwerk ausgestattet. Die große Aufstandsfläche der Bandlaufwerke vermindert den Druck auf den Boden und dadurch die Bodenverdichtung in den unteren Schichten. Am Heck ist der Scheibengrubber Ecolo-Tiger 9300 mit einer Arbeitsbreite von 6,9 Metern angehängt.

Auf ein zentimetergenaues Fahren kommt es bei der Bodenbearbeitung mit der Scheibenegge nicht an. Trotzdem kann ein automatisches Spurführungssystem auch bei dieser Tätigkeit den Fahrer entlasten. Der STX530QT zieht hier eine Case-IH-Scheibenegge vom Typ RMX370 mit einer Arbeitsbreite von bis zu 14,2 Metern.

Technik: Mit dem STX530 rollte 2006 das neue Case-IH-Flaggschiff an den Start. Der Ackergigant wurde von einem 15 Liter großen Cummins-Motor angetrieben. Die Nennleistung betrug 530 PS bei 2.100 Umdrehungen pro Minute. Bei 584 PS lag die Maximalleistung des Motors. An der Zapfwelle wurden 469 PS gemessen, was den STX530 für den Einsatz mit den größten landwirtschaftlichen Maschinen befähigte. Auch dieser Sechszylinder-Motor konnte einen Drehmomentanstieg von 40 Prozent vorweisen. Um lange Arbeitszeiten ohne Tankunterbrechung zu ermöglichen, hatten die Traktorbauer in Fargo den Giganten trotz des sparsamen Motors mit einem 1.138 Liter fassenden Tank ausgestattet.

Auch die Leistung der Hydraulik konnte sich sehen lassen. Die maximale Hubkraft des Heckkraftheber lag bei

TECHNISCHE DATEN

Typ	STX530
Bauzeit	2006–2007
Motor	Cummins QSX15
Verfahren	Turbolader, Ladeluftkühlung
Kühlung	Flüssigkeitskühlung
Zylinder	6
Hubraum	15.000 ccm
Nenndrehzahl	2.100 U/min
Leistung	530 PS
Gänge	16V 2R
Gewicht	24.494 kg
Länge	k. A.
Höhe	k. A.
Radstand	3.910 mm

Der STX530 besitzt ein maximales Einsatzgewicht von über 24 Tonnen. Auf der Straße kann der Gigant eine Höchstgeschwindigkeit von 37 km/h erreichen. Das PowerShift verfügt über einen speziellen Transportmodus, der ein schnelleres Schalten ermöglicht. Starke Scheibenbremsen sorgen für Sicherheit.

8.900 Kilogramm bei der Radausführung des STX530. 49 Kilogramm mehr konnte die Quadtrac-Version heben.

Hightech: Angesichts der großen Flächen, auf denen der STX530 zum Einsatz kam, wurden mit dem Großschlepper auch oft Technologien für die Präzisionslandwirtschaft verwendet. Dazu gehörte der AFS AccuGuide, ein automatisches Spurführungssystem. Der Fahrer kann sich damit, nachdem er eine Referenzspur festgelegt hat, zurücklehnen und die Arbeit der Automatik überlassen. Nur am Vorgewende und bei besonderen Vorfällen ist ein Eingreifen des Fahrzeuglenkers nötig. An einem Touchscreen-Monitor können Einstellungen vorgenommen und Informationen abgefragt werden. Säen, Spritzen und Düngen können damit mit einer Genauigkeit von Zentimetern durchgeführt werden. Falls einmal eine Störung am Traktor auftritt, hilft beim Suchen und Beheben der Service-Tool-Computer, der außerdem beim Feinjustieren des Traktors dienlich ist. ◂

Der Case IH STX530QT fährt zum Einsatz. Für jede Brücke ist das Schwergewicht jedoch nicht geeignet. Zum Glück sorgen die Bandlaufwerke für eine möglichst große Gewichtsverteilung. Die Standardbreite der Bänder beträgt bei den STX-Modellen 76 Zentimeter. Optional ist eine Breite von 91 Zentimetern.

Zu den erstaunlichen Eigenschaften des STX530QT gehört der kleine Wenderadius, der nur 5,7 Meter beträgt. Das Vorgewende kann dadurch relativ klein gehalten werden, und auch die Spuren, die zurückbleiben, halten sich in Grenzen. Verglichen mit früheren Traktoren lässt sich der Ackergigant mühelos lenken.

Der John Deere 8430 ist das zweitstärkste Modell der 8030-Reihe. Zu seiner Ausstattung gehört eine Hydraulik mit einer Pumpenleistung von 227 Litern pro Minute. Mit einer etwas schwächeren Hydraulikpumpe ist die Raupenversion 8430T ausgestattet. 127 Liter Durchfluss pro Minute können in diesem Fall erzielt werden.

Modelle: 2005 erneuerte John Deere die aus Waterloo stammende zweithöchste Leistungsklasse der grünen Schlepper. Die neue 8030-Reihe bestand aus fünf Modellen im Leistungsbereich von 225 bis 330 PS Nennleistung. Den Abschluss nach unten bildete der John Deere 8130. Das stärkste Modell war der 8530, dessen Maximalleistung 360 PS erreichte. Die drei Modelle 8230, 8330 und 8430 waren neben der Radversion auch in einer Ausführung mit Bandlaufwerken erhältlich.

Technik: Mit den Motoren, die von John-Deere-Ingenieuren weiterentwickelt worden waren, wurden variable Turbolader, gekühlte Abgasrückführung, eine moderne Vierventiltechnik sowie die Common-Rail-Hochdruckeinspritztechnik verwendet. Dadurch konnte die Leistung weiter gesteigert und der Verbrauch gesenkt werden. Beim Nebraska-Test an der Universität von Nebraska in Lincoln erzielte der John Deere 8430 sogar einen Rekord als effizientester Reihenfruchttraktor in Hinsicht auf den Kraftstoffverbrauch.

Optional waren die 8030-Modelle mit dem stufenlosen IVT-Getriebe erhältlich. Die Höchstgeschwindigkeit betrug, abhängig von der Ausführung, 40 oder 50 Stundenkilometer. ◂

TECHNISCHE DATEN

Typ	John Deere 8430
Bauzeit	2006–2009
Motor	John Deere PowerTech Plus
Verfahren	Turbolader, Ladeluftkühlung, CommonRail
Kühlung	Flüssigkeitskühlung
Zylinder	6
Hubraum	9.000 ccm
Nenndrehzahl	2.100 U/min
Leistung	305 PS (97/68/EC)
Gänge	16V 5R oder stufenlos
Gewicht	11.770 kg
Länge	5.640 mm
Höhe	3.360 mm
Radstand	3.050 mm

Dieser John Deere 8430 ist am Dach mit dem StarFire-Empfänger ausgestattet. Dieses Gerät ist Teil des automatischen Spurführungssystems „Parallel Tracking", das dem Fahrer hilft, bei der Feldarbeit exakte Spuren einzuhalten. Es kann zum AutoTrac, bei dem die Automatik das Steuern übernimmt, aufgerüstet werden.

Die Maximalleistung des John Deere 8320R liegt bei 347 PS. Neben der Leistungssteigerung im Vergleich zu den Vorgängern bekam der Ackergigant einen größeren Tank, der nun 681 Liter fassen kann. Die maximale Hubkraft an den Fanghaken des Heckkrafthebers beträgt 11.762 Kilogramm.

Modelle: John Deere stellte die 8R-Reihe dem interessierten Publikum 2009 anlässlich der Landtechnikmesse Agritechnica in Hannover als Nachfolger der 8030-Serie vor. Die Baureihe setzte sich aus den fünf Modellen 8245R, 8270R, 8295R, 8320R und 8345R zusammen. Die Zahl zwischen der 8 und dem R in der Typenbezeichnung stand bei dieser Baureihe für die Nennleistung. Das stärkste Modell war demnach der 8345R mit einer Leistung von 345 PS bei einer Motordrehzahl von 2.100 Umdrehungen pro Minute, gemessen nach den Vorgaben der Direktive 97/68/EC. Maximal konnte der Motor jedoch eine Leistung von 378 PS erreichen. Neben den fünf Radtraktoren wurden noch die drei Raupentraktoren 8295RT, 8320RT und 8345RT eingeführt.

Technik: Wie schon bei den Vorgängern, so arbeiten auch bei den Schleppern der 8R-Reihe PowerTech-Plus-Dieselaggregate unter den Motorhauben. Sie verfügen über Turbolader, Ladeluftkühlung, Vierventil- und Common-Rail-Technik. Darüber hinaus sind sie mit dem Hochleistungslüftersystem VariCool und einem intelligenten Power-Management (IPM) ausgestattet. Diese Technik ermöglicht bei stationären Zapfwellenarbeiten und bei Transportfahrten eine Leistungssteigerung von bis zu 35 PS. ◀

TECHNISCHE DATEN

Typ	John Deere 8345R
Bauzeit	ab 2009
Motor	John Deere PowerTech Plus
Verfahren	Turbolader, Ladeluftkühlung, CommonRail
Kühlung	Flüssigkeitskühlung
Zylinder	6
Hubraum	9.000 ccm
Nenndrehzahl	2.100 U/min
Leistung	345 PS (97/68/EC)
Gänge	stufenlos
Gewicht	12.100 kg
Länge	5.590 mm
Höhe	3.060 mm
Radstand	3.020 mm

Die Traktoren mit Bandlaufwerk haben sich einen festen Platz unter den Großtraktoren erworben. In Hinsicht auf die Leistung entspricht dieser 8345RT der Radausführung. Gegenüber früheren Versionen hat sich auch die Höchstgeschwindigkeit erhöht, die nun je nach Ausführung 40 oder 50 km/h betragen kann.

Deutsche Ingenieurskunst vom Feinsten zelebriert der Fendt 936 Vario TMS. Dieser vielseitige, starke, aber auch schnelle Traktor ist für Großbetriebe geschaffen worden, bei denen neben der Feldarbeit auch vielfältige Transportaufgaben anfallen. Der Fendt 936 erreicht eine Geschwindigkeit von 60 Stundenkilometern.

Schwere Gerätekombinationen sind für den 330 PS starken Fendt 936 kein Problem. So kann die Arbeit effektiver gestaltet und die Schlagzahl deutlich erhöht werden. Hilfreich ist auch das Traktor-Management-System TMS, das für einen kraftstoffsparenden Betriebszustand des Fahrzeugs sorgt.

Technik: 2005 stellte Fendt auf der Agritechnica den Fendt 936 vor, der zum Flaggschiff der Marktoberdorfer wurde und alle technischen Neuerungen bekam. Prunkstück des 330 PS starken Traktors ist das ausgefeilte Vario-Getriebe Vario ML 260, bei dem der Fahrer keine Gänge mehr zu schalten braucht, sondern stufenlos beschleunigen kann. Der Motor wird elektronisch geregelt und verfügt über ein modernes Common-Rail-System und eine externe Abgasrückführung. Besonders beeindruckend ist das niedrige Leistungsgewicht des Schleppers: Es liegt bei lediglich 29,4 Kilogramm pro PS Nennleistung.

In Mitteleuropa sind es vor allem Lohnunternehmer, die zu den Käufern dieses Modells gehören. Leistung und technische Ausstattung wie der Bordrechner oder ein System für die Feldarbeit mit GPS ermöglichen es dieser Kundengruppe, ihre vielen Termine besser unter einen Hut zu bringen.

Design: Schon bei seiner Vorstellung wurde der Fendt 936 zum Kultobjekt. Er bekam eine Goldmedaille, und bei verschiedenen Anlässen in Deutschland und Italien wurde er für sein besonders gelungenes Design ausgezeichnet. Die Komfortkabine weist einen Wert von lediglich 70 dB(A) auf. Da kann man sich bereits bei der Arbeit erholen, denn neben einer pneumatischen Kabinenfederung sorgen Klimaanlage, Filtersystem und musikalische Abwechslung für Entspannung.

Einsatz: Der Fendt 936 Vario TMS kann eine Nutzlast von bis zu 7.600 Kilogramm aufnehmen. Die Beleuchtungsanlage wurde so gestaltet, dass Nachteinsätze, wie sie gerade in den Arbeitsspitzen der Erntezeit unvermeidlich sind, bestens durchgeführt werden können. Der Traktor kann mit dem Auto-Guide ausgestattet werden, das für besonders präzises Arbeiten auf GPS-Basis sorgt. Das MoDaSys ist ein Datenerfassungssystem, mit dem Berechnungen und eine Dokumentation der Tätigkeit möglich sind. ◂

TECHNISCHE DATEN

Typ	Fendt 936 Vario TMS
Bauzeit	ab 2006
Motor	Deutz TCD 2013 L06 4V
Verfahren	Common-Rail-Hochdruckeinspritzung, Turbolader, Ladeluftkühlung
Kühlung	Flüssigkeitskühlung
Zylinder	6
Hubraum	7.755 ccm
Nenndrehzahl	2.100 U/min
Leistung	330 PS
Gänge	stufenlos
Gewicht	9.700 kg
Länge	5.655 mm
Höhe	3.322 mm
Radstand	3.050 mm

Eine Sonderedition des Fendt 936 wurde in einem noblen Schwarz herausgegeben. Kunden der als „Black Beauty" bezeichneten Exemplare waren italienische Landwirte. Mit dem Namen des berühmten Pferdes verband sich die Wiederbelebung der „Dieselross"-Marke. So hießen die ersten Fendt-Traktoren bis Ende der 1950er-Jahre.

Die Bandlaufwerke der Traktoren werden ebenso wie die anderen Komponenten ständig weiterentwickelt. Durch die Air-Cushion-Federung wird das Raupenlaufwerk vom Traktorrahmen isoliert, was eine ruhigere Fahrt ermöglicht. Die Geschwindigkeit konnte dadurch auch für die Raupenausführungen erhöht werden.

Modelle: Im August 2007 erfolgte die offizielle Bekanntgabe des Stapellaufs der 9030-Reihe, mit der John Deere die grüne Traktorenflotte der obersten Leistungsklasse modernisierte. Das stärkste Modell, der John Deere 9630, machte mit einer Nennleistung von 543 PS einen großen Schritt über die 500-PS-Marke hinaus. Die Baureihe besteht aus fünf Modellen. Der Traktor mit der niedrigsten Motorleistung ist der 9230, der eine Nennleistung von 337 PS vorweisen kann. Der 9120 der vorhergehenden Generation hat bei der 9030-Reihe keinen Nachfolger mehr. Unter den Typenbezeichnungen 9430T, 9530T und 9630T gehören auch diesmal wieder drei Raupentraktoren zur Baureihe.

Zielgruppe: Auf dem westeuropäischen Markt wird nur eine Auswahl der 9030-Modelle angeboten. Die Hauptzielgruppe liegt ohnehin in Nordamerika, Australien und in den osteuropäischen Staaten.

Technik: Die in Waterloo gebauten Großtraktoren sind mit der neuesten Version der PowerTech-Plus-Motoren ausgestattet. Alle besitzen sechs Zylinder. In Hinsicht auf die Hubraumgrößen unterscheiden sich die Modelle. Mit neun Litern kommt der 9230 aus. 13,5 Liter Hubraum

TECHNISCHE DATEN

Typ	John Deere 9630
Bauzeit	ab 2007
Motor	John Deere PowerTech Plus
Verfahren	Turbolader, Ladeluftkühlung, CommonRail
Kühlung	Flüssigkeitskühlung
Zylinder	6
Hubraum	13.500 ccm
Nenndrehzahl	2.100 U/min
Leistung	543 PS
Gänge	18V 6R
Gewicht	16.914 kg
Länge	6.860 mm
Höhe	3.593 mm
Radstand	3.500 mm

Der John Deere 9630 präsentiert sich mit dieser Studioaufnahme in seiner vollen Pracht. Nur ganz große Betriebe können eine Zugmaschine dieser Leistungsklasse rentabel einsetzen. Wegen seiner hohen Zugleistung findet der John Deere 9630 in manchen Ländern auch bei Erdbewegungsarbeiten ein Einsatzfeld.

stehen den Motoren der stärkeren Modelle zur Verfügung. Die externe Abgasrückführung, die VariCool-Lüftersteuerung und andere moderne Motortechniken helfen auch bei diesen Traktorgiganten, den Schadstoffausstoß und den Kraftstoffverbrauch niedrig zu halten.

Zur Standardausstattung gehört das automatische PowerShift-Getriebe mit 18 Vorwärts- und sechs Rückwärtsgängen. Die Schaltvorgänge sind elektronisch moduliert. Ursprünglich gehörte bei einigen Modellen ein manuell zu bedienendes Getriebe zur Grundausstattung. ◂

Da Großtraktoren wie der John Deere 9430 für lange Arbeitszeiten konzipiert sind, ist eine Entlastung des Fahrers wichtig. Einen Beitrag dazu leistet die integrierte Maschinensteuerung (IMS), die es erlaubt, zwei Folgen von 20 Traktorfunktionen abzuspeichern. Sie können bei Bedarf aufgerufen und selbstständig ausgeführt werden.

Mit seinen 543 PS Nennleistung ist der 9630 das Flaggschiff der John-Deere-Traktoren. Als Schaltzentrale des Hightech-Fahrzeugs dient die großräumige Fahrerkabine mit der passenden Bezeichnung „CommandCenter". Die Bedienung kleiner Schalter an den Bedienelementen kann große Kräfte auslösen.

Die Einführung der MT900B-Reihe war eine Folge der hohen Nachfrage nach Traktoren dieser Bauart in Nordamerika und Osteuropa. Die gelbe Marke, die vorher für Raupentraktoren stand, hatte nun auch Knicklenker im Angebot. Dies war jedoch nur der erste Schritt in der Ausweitung des Produktspektrums.

Geschichte: Auf der Agritechnica 2007 hielt AGCO für die Besucher in Zusammenhang mit der Challenger-Marke erneut eine Überraschung bereit. Diesmal präsentierte der Landtechnikkonzern in Jackson gebaute Radtraktoren. Challenger war bisher wegen der Raupentraktoren berühmt und geschätzt. Mit der Einführung der Baureihe MT900B erfolgte die Ausweitung des Programms auf bereifte Modelle.

Leistung: Bei den vier Modellen der neuen Serie handelte es sich um Knicklenker. Der MT945B und der MT955B waren mit 15,2 Liter großen, 430 und 460 PS starken Sechszylinder-Motoren von Caterpillar ausgestattet. Einen Hubraum von 18,1 Litern besaßen die Caterpillar-Motoren des 510 PS starken MT965B und des 570 PS leistenden MT975B. Mit einer Höchstleistung von 600 PS war der MT975B genauso stark wie der zwei Jahre früher erschienene Raupentraktor MT875B.

Ausstattung: Von Caterpillar stammt auch das PowerShift-Getriebe, das 16 Vorwärts- und vier Rückwärtsgänge sowie sechs verschiedene Automatikmodi bietet. Die Traktorgiganten können auf der Straße eine Höchstgeschwindigkeit von 40 Stundenkilometern erreichen.

Auch in Hinsicht auf andere Leistungswerte zählten die MT900B-Trakto-

TECHNISCHE DATEN

Typ	MT975B
Bauzeit	2007–2009
Motor	Caterpillar C18
Verfahren	Turbolader, Ladeluftkühlung, ACERT-Technik
Kühlung	Flüssigkeitskühlung
Zylinder	6
Hubraum	18.100 ccm
Nenndrehzahl	2.100 U/min
Leistung	570 PS
Gänge	16V 4R
Gewicht	18.038–27.215 kg
Länge	7.569 mm
Höhe	3.835 mm
Radstand	3.950 mm

Die MT900B-Reihe von Challenger verwendet eine Gelenkkonstruktion mit vier gleich großen Rädern. Gemeinsam mit einer optimalen Gewichtsverteilung und einem relativ großen Radstand soll dies dazu beitragen, ein Maximum an Kraft auf den Boden zu übertragen.

ren zur ersten Riege. 164,7 Liter pro Minute war die Durchflussmenge der Hydraulik bei der Grundausstattung. Optional konnte dieser Wert auf 224,2 Liter pro Minute erhöht werden. Bei 8.845 Kilogramm lag die Hubkraft am Heck.

Eine breite Zusatzausrüstung gab es auch für andere Funktionen. Auf Wunsch konnte man sich in die Kabine eine automatische Temperaturregelung einbauen lassen, damit unabhängig vom Wetter stets angenehme Grade herrschten. ◂

Die Knicklenker der MT900B-Reihe eignen sich hervorragend als Zugmaschinen für Schürfkübel bei Erdbewegungsarbeiten. Scraper-Versionen besitzen eine spezielle Ausrüstung für die Arbeiten. Dazu gehören verstärkte Elemente, die vor Schäden schützen und den erhöhten Zugkräften standhalten sollen.

Starke Traktoren benötigen robusteste Getriebe. Das Caterpillar-PowerShift-Getriebe, das in den MT900B-Schleppern Verwendung findet, ist speziell für Maschinen dieser Art entwickelt worden. Die Bedienung ist einfach. Die dahinter stehende Technik ist jedoch ein System aus mehreren individuellen Kupplungspaketen.

Mit der ab 2007 angebotenen Baureihe Agrotron X versucht Deutz-Fahr, mit höchster Qualität wieder an die Spitze der deutschen Traktorenproduktion zurückzukehren. Deutz war ja lange Jahre der absolute Marktführer gewesen, als noch in Köln produziert worden war.

TECHNISCHE DATEN

Typ	Agrotron X 720
Bauzeit	ab 2007
Motor	Deutz TCD 2013 L06 4V
Verfahren	Common-Rail-Hochdruckeinspritzung, Turbolader, Ladeluftkühlung
Kühlung	Flüssigkeitskühlung
Zylinder	6
Hubraum	7.146 ccm
Nenndrehzahl	2.100 U/min
Leistung	262 PS
Gänge	40V 40R
Gewicht	9.430 kg
Länge	5.268 mm
Höhe	3.270 mm
Radstand	3.095 mm

Geschichte: 2007 stellte Deutz-Fahr in Bologna die neuen Oberklassemodelle der Baureihe Agrotron X vor. Das ist kein Zufall, denn der deutsche Altmeister ist ja seit einigen Jahren Mitglied der italienischen SDF-Gruppe. Lange hatten die Ingenieure gefeilt und getestet, bis sie die 219 und 262 PS starken Modelle absegneten.

Technik: Unter der Freisichthaube der beiden Traktoren schlummert ein hoch moderner Motor von Deutz, der sich durch hohe Leistungsreserven und einen niedrigen Kraftstoffverbrauch auszeichnet. Die Deutz Power Control sorgt für zusätzliche 20 PS bei Zapfwellenarbeiten. Beide Modelle werden mit dem Getriebe ZF 7300 ausgestattet, ein Wendegetriebe, bei dem in beide Fahrtrichtungen je 40 Gänge vorhanden sind. Es verfügt über vier Lastschaltstufen, die sich dank der APS-Schaltung automatisch an das erforderliche Arbeitsspektrum anpassen. Der Fahrer kann die Fahrtrichtung bei langsamer Fahrt ohne Betätigen der Kupplung einfach mit der Wendeschaltung ändern.

Einsatz: In Mitteleuropa wird der Agrotron X vor allem an Lohnunternehmer und Großbetriebe verkauft, die für ihre großen Arbeitsgeräte die nötige Power brauchen. Dabei leistet die Hydraulikein-

Eine gefederte Vorderachse wird serienmäßig lediglich bei dem Standardmodell geliefert, das für eine Geschwindigkeit von 50 Stundenkilometern ausgerüstet ist. Bei der langsameren 40-Kilometer-Version kann man sich mit einer billigeren ungefederten Vorderachse begnügen – und Geld sparen.

richtung große Dienste. Der Heckkraftheber kann immerhin bis zu 10.500 Kilogramm heben. Der Frontkraftheber, eine immer wichtiger werdende Ausstattung, schafft fast die Hälfte. Die Baureihe besteht aus den beiden Modellen Agrotron X 710 mit 219 PS und dem Agrotron X 720, der sogar 262 PS leistet. Abgesehen von der Motorleistung sind die beiden allerdings baugleich. ◀

Für den Hauptarbeitsbereich zwischen vier und 15 Stundenkilometern stehen dem Agrotron X 13 Gänge zur Verfügung. Das Getriebe besitzt vier Lastschaltstufen, die automatisch angepasst werden und so die optimale Einstellung je nach Belastungszustand des Schleppers sicherstellen.

Der sparsame Sechszylinder-Motor des Agrotron X ist derselbe wie der des Fendt 936. Allerdings kann der Deutz-Fahr bei der PS-Leistung nicht ganz mithalten. Nach einem jahrzehntelangen Festhalten an luftgekühlten Motoren arbeitet nun auch dieses Aggregat mit einer Flüssigkeitskühlung.

Die Umweltverträglichkeit von Traktoren gewinnt immer mehr an Gewicht. Die 8600-Serie von Massey Ferguson hat sich durch die besonders kraftststoffsparenden Motoren ausgezeichnet. Eine weitere Verringerung des Schadstoffausstoßes wird durch die Abgasnachbehandlung mit AdBlue erreicht.

Modelle: Die Baureihe 8600 der Massey-Ferguson-Traktoren wurde der Öffentlichkeit 2008 vorgestellt. Die offizielle Markteinführung erfolgte am ersten Januar des folgenden Jahres. Während die Vorgängerreihe im Leistungsbereich noch unterhalb der 300-PS-Marke geblieben war, überschritt nun die neue Generation der Massey-Ferguson-Oberklasse diesen Punkt gleich mit zwei Modellen, nämlich dem MF 8680 mit 320 PS und dem MF 8690 mit 340 PS Nennleistung. Die maximale Leistung des stärksten Modells erreichte sogar 379 PS. Den unteren Abschluss im Leistungsbereich bildete der MF 8650 mit 240 PS Nennleistung. Die Motoren stammten auch bei dieser Baureihe von dem zu AGCO gehören-

Moderne Landmaschinen, wie diese Einzelkornsämaschine, die von einem MF 8690 gezogen wird, werden immer komplexer und anspruchsvoller. Sie bieten jedoch auch neue Möglichkeiten für ein exaktes Arbeiten. Durch den Anschluss der Maschine an das ISOBUS-System können von der Kabine aus Daten abgefragt und Einstellungen vorgenommen werden.

Die Zeiten, in denen der Fahrer auf einem lauten, vibrierenden und unbequemen Traktor Platz nimmt, sind vorbei. Moderne Cockpits wie die Panoramakabine der 8600-Schlepper schützen den Fahrer nicht nur vor Stößen und Vibrationen, sondern auch vor Staub, Lärm, Schadstoffen und unangenehmen Temperaturen.

den finnischen Hersteller Sisu. Der Hubraum lag bei allen 8600-Schleppern bei 8,4 Litern.

Technik: Die Panorama-Kabine war ebenfalls weiterentwickelt und den Anforderungen des Fahrers angepasst worden. Die Techniker von Massey Ferguson hatten mit dem OptiRide Plus ein neues Vierpunkt-Federungssystem entwickelt. Mittels zwei an den Ecken gegenüberliegender Sensoren wird der Neigungsgrad des Traktors ständig erfasst. Die Federung hält anhand der von den Sensoren ermittelten Daten durch Hydraulikzylinder die Kabine stets in einer waagerechten Position. Auch Ereignisse wie die Beschleunigung, ein Fahrtrichtungswechsel, Bremsvorgänge und so weiter werden vom Federungssystem berücksichtigt.

Die 8600-Schlepper sind, wie schon die Vorgänger, mit dem stufenlosen Dyna-VT-Getriebe ausgestattet. Die Höchstgeschwindigkeit beträgt 50 km/h in der Vorwärtsfahrt. In die umgekehrte Richtung sind die Traktoren bis zu 38 Stundenkilometer schnell. ◂

TECHNISCHE DATEN

Typ	MF 8690
Bauzeit	ab 2008
Motor	Sisu 84CTA
Verfahren	Turbolader, Ladeluftkühlung, CommonRail
Kühlung	Flüssigkeitskühlung
Zylinder	6
Hubraum	8.400 ccm
Nenndrehzahl	2.200 U/min
Leistung	340 PS
Gänge	stufenlos
Gewicht	10.300 kg
Länge	5.670 mm
Höhe	3.380 mm
Radstand	3.100 mm

Dieser MF 8690 arbeitet mit einem Front- und einem Heckmähwerk, um eine größere Arbeitsbreite zu erzielen. Anders als bei den großen Knicklenkern spielt bei Traktoren wie den 8600-Modellen der Frontanbauraum eine wichtige Rolle und ist mit einer Hubkraft von 5.000 Kilogramm dementsprechend leistungsfähig.

Bei Einsätzen auf Reihenfruchtfeldern ist ein genaues Arbeiten wichtig. Um die Wendigkeit weiter zu erhöhen, entwickelte Case IH das AccuSteer-System, mit dem der Steiger 335 ausgestattet ist. Der Großtraktor übertrifft damit selbst viele kleinere Traktoren mit herkömmlicher Steuerung an Gelenkigkeit.

TECHNISCHE DATEN

Typ	Steiger 335
Bauzeit	2007–2010
Motor	CNH
Verfahren	Turbolader, Ladeluftkühlung
Kühlung	Flüssigkeitskühlung
Zylinder	6
Hubraum	9.000 ccm
Nenndrehzahl	2.000 U/min
Leistung	335 PS
Gänge	16V 2R
Gewicht	13.499–17.960 kg
Länge	7.560 mm
Höhe	3.840 mm
Radstand	3.530 mm

Geschichte: 2008 erneuerte Case IH das Traktorenprogramm im obersten Leistungssegment. Fünf neue Modelle lösten die STX-Reihe ab. Vier dieser Modelle gab es neben der Radversion in der Quadtrac-Ausführung. Außerdem wurden die vier stärksten Schlepper sowohl mit Rädern als auch mit Raupen in Scraper-Versionen für Erdbewegungsarbeiten angeboten.

Eines der wichtigsten Merkmale der neuen Case-IH-Knicklenker waren die verbesserten Motoren. Wie auch schon bei den früheren Generationen ging es vor allem um die Erhöhung der Leistung und die Verringerung des Schadstoffausstoßes. Dieses Ziel wurde auch diesmal erreicht.

Technik: Der Steiger 335 war der Nachfolger des STX330, der ab 2007 als Steiger 330 vertrieben worden war. Mit seinem neun Liter großen Motor stellte er den Abschluss der Baureihe im Leistungsbereich nach unten dar. Die Nennleistung lag bei 335 PS und war damit um fünf PS höher als beim Vorgänger. 368 PS betrug die maximale Leistung des CNH-Motors. An der Zapfwelle wurden 273 PS gemessen.

Lenkung: Da vor allem bei Arbeiten auf Reihenfruchtfeldern ein exaktes Steuern wichtig ist, war der Steiger 335 in einer Version mit dem Präzisionslenksystem

Mit einer Drillmaschine für die Direktsaat arbeitet auch dieser Steiger 335. Ein automatisches Spurführungssystem ist hier besonders vorteilhaft, da es wegen der fehlenden Bodenbearbeitung nicht so leicht ersichtlich ist, wo bereits gesät wurde. Mittels GPS kann sich der Traktor genau steuern lassen.

AccuSteer erhältlich. In dieser Ausführung verfügt der Traktor neben der Knicklenkung über einen weiteren Drehpunkt, nämlich zwischen Motorhaube und Kabine. Dieser AccuSteer-Drehpunkt ermöglicht einen zusätzlichen Lenkeinschlag um zehn Prozent, sodass der gesamte Lenkwinkel bei 52 Prozent liegt. Der Wenderadius des Steiger 335 lag dadurch nur bei 4,6 Metern. ◀

Der Steiger 335 war das kleinste Modell der neuen Knicklenker-Baureihe. Er war jedoch stark genug für die Arbeit mit großen Maschinen, wie dieser Drillmaschine für die Direktsaat. Dafür sorgten die 273 PS Leistung, die der Traktor an der Zapfwelle erbrachte. Die Hubkraft des Heckkrafthebers betrug 7.107 Kilogramm.

Das abgeerntete Maisfeld bearbeitet dieser Steiger 335 mit einer Tandem-Scheibenegge von Case IH. Eine starke Hydraulik hilft dem Steiger 335 bei der Arbeit mit Maschinen. Die Hydraulikpumpe leistet in der Grundausführung 152 Liter pro Minute. Optional sind stärkere Pumpen mit einer Leistung von 208 oder 340 Liter pro Minute.

Das PowerShift-Getriebe des Steiger 435 lässt sich in den für die Feldarbeit gedachten Field-Modus schalten. Dies bewirkt, dass die Motordrehzahl gleich bleibt und das Getriebe automatisch, abhängig von der Last, hoch- oder herunterschaltet. Zu den Vorteilen zählt eine gleich bleibende Arbeitsgeschwindigkeit.

TECHNISCHE DATEN

Typ	Steiger 435
Bauzeit	2007–2010
Motor	CNH
Verfahren	Turbolader, Ladeluftkühlung
Kühlung	Flüssigkeitskühlung
Zylinder	6
Hubraum	12.900 ccm
Nenndrehzahl	2.000 U/min
Leistung	435 PS
Gänge	16V 2R
Gewicht	17.191–23.405 kg
Länge	7.560 mm
Höhe	3.840 mm
Radstand	3.911 mm

Ein Grubber stellt keine außerordentlich hohen Ansprüche an die Hydraulik des Traktors. Andere Maschinen sind jedoch weniger genügsam. Deshalb kann der Steiger 435 auf Wunsch mit einer Hochleistungshydraulikpumpe ausgestattet werden.

Varianten: Bei den fünf Modellen, die ab 2008 die oberste Klasse der Case-IH-Traktoren bildeten, nahm der Steiger 435 die Mittelposition ein. Mit seinen 435 PS Nennleistung lag er im Leistungsspektrum oberhalb des Steiger 335 und des Steiger 385. Neben der Radversion war der Steiger 435 auch als Quadtrac-Ausführung erhältlich. Eine andere Ausführung war die Heavy-Duty-Version, die über eine stärkere Achse sowie über größere Räder verfügte und für Einsätze mit schwerer Zugleistung konzipiert war. Außerdem gab es von den Rad- und Raupenversionen noch spezielle Scraper-Ausführungen für den Straßenbau und Erdbewegungsarbeiten.

Leistung: Mit einer Maximalleistung von 478 PS näherte sich der Großschlepper der 500-PS-Marke. Mit 379 PS an der Zapfwelle war der Steiger 435 zu Arbeiten mit den stärksten Maschinen fähig. Der von CNH produzierte Motor konnte einen Drehmomentanstieg von 40 Prozent vorweisen. Kraftstoff, zu dem auch Biodiesel zählen konnte, lieferte der 1.138 Liter fassende Tank. Ein starker Heckkraftheber, der eine Last von bis zu 8.900 Kilogramm heben konnte, gehörte ebenfalls zur Standardausstattung. Der Heckkraftheber der Quadtrac-Ausführung konnte sogar eine Leistung von bis zu 8.949 Kilogramm erbringen.

Technik: Zur Grundausstattung des Steiger 435 gehörte das PowerShift-Getriebe mit 16 Vorwärts- und zwei Rückwärtsgängen. Neun Gänge befanden sich im Hauptarbeitsbereich von fünf bis 13 Stundenkilometern. Das Schalten war mit einem Hebel am Steuerrad möglich. Dadurch konnte mit der linken Hand geschaltet werden, ohne das Steuerrad loszulassen.

Der Steiger 435QT bewegt sich auf unebenem Gelände wie eine Raupe. Dieses Bild zeigt, wie sich das Vorder- und das Hinterteil des Traktors in die entgegengesetzte Richtung drehen können. Die Bandlaufwerke haben dadurch immer Bodenkontakt, was eine gleichmäßige Gewichtsverteilung und eine optimale Traktion ermöglichen.

In seinem Sitz, der mit einer eigenen Sitzheizung ausgestattet ist, kann sich der Fahrer des Steiger 435 entspannt zurücklehnen. Von der Großraumkabine aus hat er einen ungehinderten Ausblick nach allen Seiten. Die Motorhaube ist nach vorne hin abgeschrägt, um die Sicht auf den Frontbereich zu ermöglichen.

Von seiner Position aus hat der Fahrer des Steiger 535 eine hervorragende Sicht auf das am Heck angebaute Arbeitsgerät. Die Bedienelemente für die Hydraulik befinden sich an der Armlehne. Die Durchflussmenge der Hydraulik kann mit der optionalen TwinFlow-Pumpe auf bis zu 356 Liter pro Minute erhöht werden.

TECHNISCHE DATEN

Typ	Steiger 535
Bauzeit	2007–2010
Motor	Cummins QSX15
Verfahren	Turbolader, Ladeluftkühlung
Kühlung	Flüssigkeitskühlung
Zylinder	6
Hubraum	15.000 ccm
Nenndrehzahl	2.100 U/min
Leistung	535 PS
Gänge	16V 2R
Gewicht	19.193–24.494 kg
Länge	7.560 mm
Höhe	3.840 mm
Radstand	3.911 mm

Varianten: 2008 übernahm der Steiger 535 die Rolle des Flaggschiffes unter den Case-IH-Traktoren. Er war der Nachfolger des STX530. Der Steiger 535 war das einzige Modell der Baureihe, das nicht in der Standard-Radversion zur Verfügung stand. Stattdessen gab es den Traktorgiganten aus Fargo in der Heavy-Duty-Version mit verstärkten Achsen, als Quadtrac für die Landwirtschaft sowie als Scraper mit Rädern und Bandlaufwerken.

Leistung: Die Nennleistung entsprach wie bei den anderen Modellen der Typenbezeichnung, nämlich 535 PS. Die Nenndrehzahl lag beim Steiger 535 mit 2.100 Umdrehungen pro Minute etwas höher als bei den anderen Knicklenkern. Als Spitzenleistung erreichte der Motor 589 PS. Die Zapfwellenleistung betrug 473 PS.

Anders als die anderen Modelle der Baureihe hatte der Steiger 535 keinen

Mit einer Drillmaschine der obersten Größenordnung arbeitet dieser Steiger 535. Für solche Einsätze verfügt der Schlepper über einen Power-Boost, der bei Arbeiten mit der Zapfwelle und einer Motordrehzahl von 1.800 Umdrehungen pro Minute eine Leistungssteigerung von 35 PS ermöglicht.

Ursprünglich waren die Knicklenker mit Bandlaufwerk vor allem für den nordamerikanischen Markt vorgesehen. Zunehmend sind aber Großschlepper wie der Steiger 535QT auch in Europa zu finden. Es sind vor allem große Betriebe im Osten oder Lohnunternehmer im Westen, die den Giganten rentabel einsetzen können.

CNH-Motor, sondern ein Antriebsaggregat von Cummins eingebaut. Mit 15 Litern hatte er den größten Hubraum der Knicklenker-Reihe.

Technik: Der Tank fasste auch beim Steiger 535 1.138 Liter. Diese Kraftstoffmenge reichte normalerweise für einen 22-stündigen Einsatz ohne Unterbrechung. Das ab 2009 verfügbare Auto Productivity Management (APM) half, den Dieselverbrauch niedrig zu halten, indem es selbstständig die Motordrehzahl und die Übersetzung wählte, um eine bestimmte Arbeitsgeschwindigkeit zu halten. Das APM kann bei manchen Arbeiten zu einer Kraftstoffersparnis von bis zu 25 Prozent beitragen.

Nachtarbeiten sind bei Großtraktoren zu bestimmten Jahreszeiten keine Seltenheit. Für den Steiger 535 gab es deswegen als Sonderausstattung HID-Scheinwerfer, die zentral im Kühlergrill und am Heck untergebracht wurden und die Nacht zum Tage machten. ◂

Für die Feldarbeit bereit stehen dieser Steiger 535QT und der Ecolo-Tiger 870. Die Arbeitsbreite des Grubbers kann bis zu 7,9 Meter betragen. Verbunden mit der hohen Traktorleistung lassen sich damit große Felder schnell bearbeiten. Die Arbeitsgeschwindigkeit liegt bei acht bis elf Stundenkilometern.

Die AGCO-Traktoren halten äußerlich die Allis-Chalmers-Tradition lebendig. Unter dem Lack ist jedoch nichts mehr von dem früheren amerikanischen Traktorenhersteller vorhanden. Die Motoren kommen aus Finnland, und die Montage findet im AGCO-Werk in Beauvais statt.

TECHNISCHE DATEN

Typ	DT275B
Bauzeit	ab 2009
Motor	Sisu 84CTA
Verfahren	Turbolader, Ladeluftkühlung, CommonRail
Kühlung	Flüssigkeitskühlung
Zylinder	6
Hubraum	8.400 ccm
Nenndrehzahl	2.200 U/min
Leistung	320 PS
Gänge	stufenlos
Gewicht	11.023 kg
Länge	5.480 mm
Höhe	3.584 mm
Radstand	3.100 mm

Geschichte: AGCO ist als Traktorenmarke in Europa kaum bekannt. Die AGCO-Schlepper knüpfen jedoch an eine lange Tradition an. Sie gelten als die Nachfahren der Allis-Chalmers-Traktoren, deren Orange heute noch ein Kennzeichen der AGCO-Schlepper ist. Allis-Chalmers zählte einst zu den bedeutendsten Traktorenherstellern der USA, geriet jedoch wie viele andere Unternehmen der Landtechnikbranche in den Achtzigerjahren in eine Existenzkrise. Das Ende der Traktorenproduktion kam mit der Übernahme durch den deutschen Konzern Klöckner-Humboldt-Deutz (KHD), der die Deutz-Traktoren in den USA verkaufen wollte. Nachdem aus dem amerikanischen KHD-Ableger AGCO geworden war, wurde die Produktion der orangefarbenen Schlepper, die nun AGCO Allis hießen, wieder aufgenommen. Ab 2001 hießen die Traktoren jedoch nur noch AGCO. Der Produktionsstandort war das französische

Das Lenken kann der Fahrer dieses DT275B auf den großen Feldern dem automatischen Spurführungssystem Auto-Guide überlassen. Auf dem Dach des Traktors befindet sich das TopDock mit dem Empfänger und der Antenne für das GPS. In der Kabine kann der Fahrer an der Konsole die entsprechenden Einstellungen vornehmen.

Beauvais, wo auch die Massey-Ferguson-Traktoren hergestellt werden. Was von Allis noch übrig blieb, sind das A im Firmen- und Markennamen AGCO sowie der orangefarbene Anstrich.

Modelle: Der AGCO DT275B ist das stärkste Modell der 2009 eingeführten zweiten Generation der DT-Reihe. Die Schlepper werden nicht nur in Beauvais gebaut, sie entsprechen außerdem in Hinsicht auf die technischen Daten der 8600-Serie von Massey Ferguson. Der MF 8690 hat jedoch kein Gegenstück bei der DT-Reihe.

Leistung: Der Motor des DT275B stammt von dem finnischen Hersteller Sisu. Das Sechszylinder-Aggregat mit Turboladung und Common-Rail-Einspritztechnik kann eine Nennleistung von 320 PS und eine maximale Leistung von 350 PS erzielen. Die Leistung an der Zapfwelle beträgt 275 PS. Es ist dieser Wert, der sich in der Typenbezeichnung widerspiegelt. ◂

In den Vereinigten Staaten wird der DT275B auf Reihenfruchtfeldern eingesetzt. Bei der Doppelbereifung muss deswegen ein entsprechender Abstand zwischen den Reifen vorhanden sein, damit die Pflanzen nicht überfahren werden. Außerdem ist ein Schutzabstand zu den einzelnen Reihen nötig.

Dieser AGCO DT275B arbeitet mit einer Rundballenpresse der Marke Massey Ferguson. Hergestellt wurde die Maschine in der Kleinstadt Hesston, im Bundesstaat Kansas, wo sich das wichtigste Landmaschinenwerk des AGCO-Konzerns befindet. Die Leistungsanforderung an den Traktor hält sich mit 90 PS an der Zapfwelle in Grenzen.

Das Bandlaufwerk der Challenger-Traktoren hat sich im langjährigen Einsatz bewährt. Verbesserungen werden trotzdem immer wieder vorgenommen. Dazu gehört beispielsweise der Steinschutz, der Schäden an den Laufrollen durch Steine, Erdreich und andere Objekte verhindern soll.

TECHNISCHE DATEN

Typ	MT865C
Bauzeit	ab 2009
Motor	Caterpillar C18
Verfahren	Turbolader, Ladeluftkühlung, ACERT-Technik
Kühlung	Flüssigkeitskühlung
Zylinder	6
Hubraum	18.100 ccm
Nenndrehzahl	2.200 U/min
Leistung	510 PS
Gänge	16V 4R
Gewicht	19.142–22.680 kg
Länge	6.863 mm
Höhe	3.509 mm
Radstand	2.997 mm

Technik: Der Challenger MT865C ist das zweitstärkste Modell der MT800C-Reihe, die Challenger 2009 einführte, um das Raupentraktorenprogramm auf den neuesten technischen Stand zu bringen. Der MT865C kann mit einer Nennleistung von 510 PS und einer Maximalleistung von 609 PS aufwarten.

Zu den Neuerungen der MT800C-Reihe gehörten jedoch nicht nur Leistungsaspekte, sondern auch eine Vereinfachung und Verbesserung der Bedienfunktionen. Das Power-Management-System des MT865C regelt automatisch die Motordrehzahl und die Getriebefunktionen, um einen möglichst sparsamen und effizienten Betrieb zu ermöglichen. Für bestimmte Arbeiten kann der Fahrer voreingestellte Drehzahlen abrufen, die das Power-Management-System dann mit der passenden Getriebeübersetzung beibehält. So kann die Arbeit mit einer gleich bleibenden Geschwindigkeit ausgeführt werden.

Ausstattung: Das neue Hydrauliksystem bietet ebenfalls mehr Einstellmöglichkeiten. Der Fahrer kann nun den Ölfluss, der bis zu 223 Liter pro Minute beträgt, für bestimmte Funktionen priorisieren und für andere verringern. Auf diese Weise kann er sicherstellen, dass für das wichtigste Gerät der volle Ölfluss aufrechterhalten wird. ◂

Eine optimale Arbeitsumgebung ist an langen Arbeitstagen wichtig, da eine Ermüdung des Fahrers zu Fehlbedienungen oder Unfällen führen kann. Der Fahrer des MT865C kann in einem Sitz mit zehn Einstellmöglichkeiten Platz nehmen. Eine Luftfederung, eine Lendenwirbelstütze sowie eine ergonomisch geformte Rückenlehne ermöglichen eine ideale Sitzposition.

Mit seinen 525 PS Nennleistung ist der MT965C das zweitstärkste Modell der zweiten Generation der Challenger-Knicklenker. Als Maximalleistung erreicht dieses Modell 567 PS. Der Sechszylinder-Motor stammt auch beim MT965C von Caterpillar und arbeitet mit einem Hubraum von 18,1 Litern.

Modelle: Der zweitstärkste Repräsentant der neuen MT900C-Reihe ist der MT965C. Wie bei der MT800C-Reihe lag das Hauptaugenmerk bei der Neuauflage der Challenger-Knicklenker auf der vereinfachten und verbesserten Bedienung sowie auf der Weiterentwicklung bestimmter Komponenten. Im neu gestalteten Cockpit hat der Fahrer alle Bedienelemente in komfortabler Reichweite. So kann beispielsweise die Hydraulik leicht mit den Fingerspitzen gesteuert werden. **Ausstattung:** Eine wichtige Rolle spielt das Traktor-Management-Center (TMC), über dessen Monitor zahlreiche Traktor- und Geräte-Funktionen kontrolliert und beeinflusst werden können. Eine einfache und logische Bedienung ist wichtig, weil bei Traktoren in der Größenklasse des MT965C oft Fahrerwechsel stattfinden und sich der neue Fahrzeuglenker möglichst schnell mit der Bedienung vertraut machen muss.

Vereinfacht wurde auch das Vorgewende-Management-System, das es dem Fahrer erlaubt, bestimmte Funktionen auf Knopfdruck automatisch ausführen zu lassen. Die Abfolge der einzelnen Funktionen kann unterbrochen, geändert und neu eingegeben werden. Auch dies kann über den TMC-Monitor geschehen. ◂

TECHNISCHE DATEN

Typ	MT9765C
Bauzeit	ab 2009
Motor	Caterpillar C18
Verfahren	Turbolader, Ladeluftkühlung, ACERT-Technik
Kühlung	Flüssigkeitskühlung
Zylinder	6
Hubraum	18.100 ccm
Nenndrehzahl	2.100 U/min
Leistung	525 PS
Gänge	16V 4R
Gewicht	18.038–27.215 kg
Länge	7.569 mm
Höhe	3.835 mm
Radstand	3.950 mm

Der Challenger MT965C ist ein Gigant mit Hightech-Ausstattung. Nur durch die modernste Motorentechnik können die hohen Anforderungen erfüllt werden. Mehrere hundert Mal pro Sekunde findet eine Kommunikation zwischen dem Getriebe und dem mit der ACERT-Technologie ausgestatteten Motor statt, um ein Optimum an Performance und Effizienz zu erreichen.

Manche nennen die New-Holland-Knicklenker „blaue Steiger". Der Grund liegt darin, dass die oberste Leistungsklasse der New-Holland-Traktoren in Fargo gebaut wird, wo auch bauähnliche Steiger-Modelle im Case-IH-Rot hergestellt werden. Schlepper mit Bandlaufwerken existieren jedoch in einer blauen Variante nicht.

TECHNISCHE DATEN

Typ	T9040
Bauzeit	2007–2010
Motor	Iveco Cursor
Verfahren	Turbolader, Ladeluftkühlung
Kühlung	Flüssigkeitskühlung
Zylinder	6
Hubraum	12.900 ccm
Nenndrehzahl	2.000 U/min
Leistung	435 PS
Gänge	16V 2R
Gewicht	23.405 mm
Länge	7.558 mm
Höhe	3.818 mm
Radstand	3.911 mm

Geschichte: Im Herbst 2007 führte New Holland mit den T9000-Schleppern eine neue Reihe von Großtraktoren ein. Die New-Holland-Oberklasse setzte sich aus fünf Modellen im Leistungsbereich von 335 bis 535 PS zusammen. Produziert wurden die blauen Giganten wie die Vorgänger in Fargo. Die T9000-Traktoren besaßen deshalb bei der Steiger-Reihe von Case IH ihre Äquivalente. Die roten und blauen Maschinen unterschieden sich jedoch in einigen Details und in Hinsicht auf die Ausstattung.

Technik: Der T9040 nahm in der T9000-Reihe die Mittelposition ein. Sein Gegenstück unter den Case-IH-Traktoren war der Steiger 435. Die Nennleistung betrug auch beim T9040 435 PS. Bei 470 PS lag die maximale Leistung, und mit 379 wurde die PS-Zahl angegeben, die an der Zapfwelle gemessen worden war.

Die Leistung der Hydraulik war bei den New-Holland-Modellen ebenfalls mit den Steiger-Ausführungen vergleichbar. Die Hydraulikpumpe schaffte pro Minute eine Fördermenge von 151 Litern pro Minute in der Standardausführung. Auf Wunsch waren leistungsfähigere Versionen erhältlich. Mit der MegaFlow-Pumpe waren bis zu 340 Liter möglich. Die Hubkraft an der Dreipunktaufhängung lag bei 8.900 Kilogramm. ◂

Mit der Einführung der T9000-Reihe entsprach New Holland nicht nur den neuen Vorgaben in Hinsicht auf den Schadstoffausstoß, sondern auch den wachsenden Erwartungen von Seiten der Kunden und der Herausforderung durch die Konkurrenz. Die neue Motorentechnik kommt hier der Arbeit mit dem Grubber zugute.

Der New Holland T9060 ist der Zwillingsbruder des Steiger 535. Seit dem Zusammenschluss von New Holland und Case IH bestehen bei manchen Baureihen der beiden Marken große Ähnlichkeiten. Case New Holland verfolgt die Zweimarkenstrategie, um den Kunden ein feiner abgestuftes Produktspektrum anbieten zu können.

Leistung: Das stärkste Modell der T9000-Reihe und damit auch der gesamten Traktorenflotte von New Holland war der T9060, dessen Äquivalent bei Case IH die Bezeichnung Steiger 535 hatte. Mit einer Nennleistung von 535 PS und einer Maximalleistung von 589 PS gehörte der T9060 zu den weltweit stärksten Schleppern seiner Zeit. Die Zapfwellenleistung wurde mit 473 PS angegeben.

Technik: Das PowerShift-Getriebe mit 16 Vorwärts- und zwei Rückwärtsgängen gehörte auch beim T9060 zur Standardausstattung. Das Schalten konnte ohne Kupplungsbetätigung vorgenommen werden. Der Betätigungshebel für die Kupplung befand sich mit anderen Bedienelementen am Ende der rechten Armlehne des Fahrersitzes. Ein Fahrtrichtungswechsel konnte leicht durch die Betätigung des Shuttle-Hebels vorgenommen werden, ohne die Hand vom Steuerrad zu nehmen. An Komfort ließ sich die Ausstattung des T9060 kaum mehr übertrumpfen.

Eine Neuerung der T9000-Reihe war das Sicherheitspaket, das den Traktor vor Vandalismus schützen sollte, falls er im Freien geparkt war. Unbefugte konnten mit dieser Ausstattung keinen Zugang mehr zum Motor, der Batterie oder dem Kraftstoffeinfüllstutzen und so weiter erlangen. ◀

TECHNISCHE DATEN

Typ	T9060
Bauzeit	2007–2010
Motor	Cummins QSX15
Verfahren	Turbolader, Ladeluftkühlung
Kühlung	Flüssigkeitskühlung
Zylinder	6
Hubraum	15.000 ccm
Nenndrehzahl	2.100 U/min
Leistung	535 PS
Gänge	16V 2R
Gewicht	24.494 mm
Länge	7.558 mm
Höhe	3.818 mm
Radstand	3.911 mm

Die passenden Landmaschinen für die blauen Schlepper stellt New Holland ebenfalls zur Verfügung. Dieser T9060 arbeitet mit einer Drillmaschine, die für den Einsatz auf großen Flächen gedacht ist. Um die Spur zu halten, kann der Fahrer des T9060 das Steuern dem automatischen Lenksystem überlassen.

In den letzten Jahren hat sich immer mehr das stufenlose Getriebe durchgesetzt. Deutz-Fahr war mit den TTV-Modellen schon sehr früh mit dabei. Seit 2007 gibt es die neue Generation der starken Reihe mit dem stufenlosen S-Matic von ZF, die den Namen Agrotron TTV 600 trägt.

TECHNISCHE DATEN

Typ	Agrotron TTV 620
Bauzeit	ab 2007
Motor	Deutz TCD 2012 L6 4V
Verfahren	Common-Rail-Hochdruckeinspritzung, Turbolader, Ladeluftkühlung
Kühlung	Flüssigkeitskühlung
Zylinder	6
Hubraum	6.057 ccm
Nenndrehzahl	2.000 U/min
Leistung	165 PS
Gänge	stufenlos
Gewicht	6.525 kg
Länge	4.757 mm
Höhe	2.997 mm
Radstand	2.767 mm

Geschichte: Die Baureihe TTV 600 besteht inzwischen aus drei Modellen, denn 2010 hat der Agrotron TTV 630 den neuen Spitzenplatz eingenommen. Neben diesem 203 PS starken Boliden gibt es noch die beiden schon 2007 präsentierten Modelle TTV 610 mit 157 PS und den TTV 620 mit 165 PS. Sie verdanken ihre besondere Leistungsfähigkeit dem hervorragenden Deutz-Motor mit Vierventiltechnik und Common-Rail-Hochdruckeinspritzung, der zu den sparsamsten seiner Klasse zählt und bei den Abgasvorschriften die Anforderungen der Klasse Tier III erfüllt.

Ausstattung: Die bequeme Großraumkabine gehört zu den leisesten auf dem Markt. Der Fahrer hat – auch dank der nach vorne hin abfallenden Motorhaube – eine optimale Sicht. Für Rangiermanöver steht eine Rückfahrkamera zur Verfügung. Das TTV-Infocenter mit dem iMo-

Schwere Zugaufgaben sind für den TTV 630 eine Herausforderung, der er sich gern stellt. Der Kraftheber erbringt am Heck eine Hubkraft von 9.200 Kilogramm. Dank des stufenlosen TTV-Getriebes kommt es beim Anfahren unter Last zu keinerlei Problemen, dank Stillstandsregelung auch nicht am Berg.

nitor erlaubt neben verschiedenen elektronischen Einstellungen außerdem Audio- und Video-Funktionen. Dazu gehört auch ein USB-Anschluss.

Für Transportaufgaben oder bei Arbeiten mit der Zapfwelle kann die Motorleistung dank Boost um bis zu 20 PS steigen. Besonders ausgefeilt ist die Schlepperhydraulik, die mit hervorragenden Leistungswerten glänzen kann. Ein druck- und mengengeregeltes Hydrauliksystem, das sogenannte Load-Sensing, mit einer Fördermenge von bis zu 120 Litern in der Minute ist serienmäßig. Die Funktionen und Sensoren der elektronischen Hubwerksregelung (EHR) werden ständig von einem integrierten Diagnosesystem überwacht.

Die Zapfwelle kann mit 540 und 1.000 Umdrehungen in der Minute arbeiten. Außerdem kann sie mit verringerter Motordrehzahl arbeiten und als Sparzapfwelle nicht nur die Kosten, sondern auch gleich die Motorgeräusche senken und dadurch die Nerven des Fahrers schonen.

Die Power Control von Deutz-Fahr bewirkt, dass die Motordrehzahl bei längeren Transportfahrten automatisch auf 1.850 Umdrehungen in der Minute reduziert wird. Die Höchstgeschwindigkeit erreicht er auch mit dieser Einstellung. Dadurch wird eine spürbare Senkung des Kraftstoffverbrauchs erzielt.

Mächtig wirkt der größte Fendt – besonders mit Zwillingsbereifung. Die Hinterreifen des Fendt 939 Vario messen 2,15 Meter Durchmesser und sind somit größer als die meisten Männer. Das Getriebe arbeitet natürlich stufenlos, wie inzwischen fast alle Fendt-Modelle. Dafür sorgt das Getriebe Vario ML 260.

TECHNISCHE DATEN

Typ	Fendt 939 Vario TMS
Bauzeit	ab 2010
Motor	Deutz TCD 2013 L06 4V
Verfahren	Common-Rail-Hochdruckeinspritzung, Turbolader, Ladeluftkühlung
Kühlung	Flüssigkeitskühlung
Zylinder	6
Hubraum	7.755 ccm
Nenndrehzahl	2.200 U/min
Leistung	360 PS
Gänge	stufenlos
Gewicht	10.830 kg
Länge	5.655 mm
Höhe	3.372 mm
Radstand	3.050 mm

Leistung: Fendt gehört zu den technologisch innovativsten Marken der Branche. Das soll immer stärker auch bei den Großtraktoren gelten, die weit jenseits der 300-PS-Grenze rangieren. Bei der Markteinführung des Fendt 939 Vario wurde ihm wie den beiden anderen starken 900ern ein neuer Motor spendiert, der sich durch die SCR-Technologie von den Vorgängern abhebt. Bei ihr wird das Abgas mit der Harnstofflösung namens AdBlue nachbehandelt. Der Motor liegt dadurch weit unter den derzeit geforderten Abgasnormen. Daneben wurde der Kraftstoffverbrauch weiter gesenkt, ohne dass Leistungseinbußen zu spüren sind.

Ausstattung: Die Abmessungen des 939 entsprechen denen der beiden Modelle 936 und 933. Allerdings ist der Schlepper dank der größeren Reifen etwas höher. Das Terminal kann in einer größeren Ausführung mit 10,4 statt sieben Zoll Diago-

Eine gelungene Neuheit bei diesem Modell ist die Reifendruckregelanlage, mit der der Druck auch während der Fahrt geregelt werden kann. Auf der Agritechnica von 2009 erhielt der Fendt 939 Vario dafür die begehrte Silbermedaille. Das Reifendruck-Kontrollsystem wird elektronisch geregelt.

Rechts vom Fahrer befindet sich die Variotronic, deren Bedienelemente ergonomisch angeordnet sind. Zahlreiche Einstellungen werden direkt über den Touch-Screen eingegeben. Mit dem Joystick werden verschiedene Steuerungsaufgaben übernommen. Das Bedienungshandbuch ist dementsprechend dick ...

nale eingebaut werden. Dadurch schont der Fahrer seine Augen, wenn er während der Feldarbeit seine Berechnungen vornimmt oder bestimmte Funktionen überwacht. In seiner rundum verglasten Großkabine mit der Bezeichnung x5 kann sich der Fahrer bequem ausbreiten. Die Bedienelemente sind ergonomisch angeordnet. Ein zentrales Element ist der rechts angeordnete Joystick, mit dem man die Fahrtrichtung festlegen und beschleunigen kann. Eine wichtige Komponente des Schleppers ist außerdem seine leistungsstarke Hydraulik, die auch mit einem Frontkraftheber arbeiten kann. Auf der Straße ist der 939 bis zu 60 Stundenkilometer schnell, ein ABS ist serienmäßig eingebaut. ◂

Der 360 PS starke Fendt 939 Vario wurde vor allem auch im Hinblick auf den osteuropäischen Markt entwickelt, wo die Betriebe weitaus größer sind als in Deutschland. Neben einer leistungsstarken Hydraulik sorgen modernste elektronische Geräte für eine Topleistung des neuen Fendt-Flaggschiffs.

Das Tageslicht reicht oft bei langen Arbeitstagen nicht aus. Der Steiger 550 ist deswegen mit starken Arbeitsscheinwerfern ausgestattet. Die Hochdruck-Entladungslampen (HID-Lampen) des Schleppers sind fünf- bis sechsmal heller als die Standardbeleuchtung von normalen Traktoren und funktionieren Tausende von Stunden länger als die herkömmliche Beleuchtung.

TECHNISCHE DATEN

Typ	Steiger 550
Bauzeit	ab 2011
Motor	Iveco
Verfahren	Turbolader, Ladeluftkühlung
Kühlung	Flüssigkeitskühlung
Zylinder	6
Hubraum	12.900 ccm
Nenndrehzahl	2.100 U/min
Leistung	550 PS
Gänge	16V 2R
Gewicht	19.979–24.405 kg
Länge	k. A.
Höhe	k. A.
Radstand	3.912 mm

Geschichte: Im August 2010 stellte Case IH die neueste und bisher stärkste Generation von Steiger-Traktoren vor. Die Baureihe besteht aus sechs Modellen, von denen die vier stärksten als Quadtrac-Ausführung verfügbar sind. Das Leistungsspektrum, das die sechs Giganten abdecken, reicht von 350 bis 600 PS. Die wichtigste Neuerung in Bezug auf die Motoren waren die Erhöhung der Leistung und die Verringerung des Schadstoffausstoßes, um den neuesten Bestimmungen mit der Bezeichnung Tier 4A zu entsprechen.

Leistung: Der Steiger 550 ist das zweitstärkste Mitglied der neuen Baureihe aus Fargo. Als Antrieb dient ein Sechszylinder-Motor von Iveco, dessen Hubraum 12,9 Liter beträgt. Die Typenbezeichnung entspricht wie bei früheren Modellen der Nennleistung. Als Höchstleistung wurden 613 PS ermittelt. 473 PS beträgt die Leistung an der Zapfwelle. Der Tank ist im Vergleich zu den Vorgängermodellen noch größer geworden. Er kann nun bis 1.779 Liter Kraftstoff fassen. Als Gangschaltung dient nach wie vor das Power-Shift-Getriebe mit 16 Vorwärts- und zwei Rückwärtsgängen. Sowohl die Rad- als auch die Raupenausführung des Steiger 550 kann eine Höchstgeschwindigkeit von 40 km/h erreichen. ◄

Die Grubber-Scheibeneggen-Kombination Centaur von Amazone ermöglicht dem Steiger 550QT als Zugmaschine eine hohe Flächenleistung und einen effizienten Einsatz auf großen Flächen. Mit der 2011 eingeführten Steiger-Serie ist Case IH in neue Leistungsbereiche vorgestoßen.

Dass die neue Steiger-Reihe für den europäischen Markt zuerst in der Nähe von Prag vorgestellt wurde, deutet darauf hin, wo man die Hauptzielgruppe für die Schlepper in diesem Leistungsbereich sieht. Während im westlichen Teil des Kontinents nur wenige Exemplare abgesetzt werden können, besteht weltweit eine wachsende Nachfrage.

Geschichte: Im September 2010 präsentierte Case IH in der Nähe von Prag unter dem Motto „Efficient Power" („effiziente Kraft") die Produktneuheiten für das folgende Jahr. Mit dabei waren die Steiger-Traktoren in Rad- und Quadtrac-Ausführung. Mehr als 100 Journalisten aus ganz Europa konnten sich von der Leistungsfähigkeit und der innovativen Technik der neuen Hightech-Maschinen überzeugen. Mit dabei und sicherlich der Mittelpunkt des Interesses war der Steiger 600.
Leistung: Das äußerlich Auffallendste der Steiger-Schlepper war wahrscheinlich das neue Motorhauben-Design, das den Ackergiganten ein schnittigeres Aussehen verlieh. In der Praxis wichtiger waren jedoch die Leistungswerte, bei denen der Steiger 600 einen Spitzenplatz in dieser Größenklasse einnimmt. Bei 600 PS liegt die Nennleistung des Case-IH-Flaggschiffs. Als Höchstleistung werden sogar 669 PS erreicht. Mit 473 PS wird die Zapfwellenleistung angegeben. Wie schon beim Steiger 550 dient auch bei diesem Modell ein Sechszylinder-Motor von Iveco als Antrieb. Die fortschrittlichste Motortechnik ermöglicht das Einhalten der neuesten Abgasbestimmungen. ◄

TECHNISCHE DATEN

Typ	Steiger 600
Bauzeit	ab 2011
Motor	Iveco
Verfahren	Turbolader, Ladeluftkühlung
Kühlung	Flüssigkeitskühlung
Zylinder	6
Hubraum	12.900 ccm
Nenndrehzahl	2.100 U/min
Leistung	600 PS
Gänge	16V 2R
Gewicht	20.805–24.405 kg
Länge	k. A.
Höhe	k. A.
Radstand	3.912 mm

Das Herzstück des Steiger 600 ist der Motor, der für früher ungeahnte Leistungsstärken sorgt. Eine Verringerung des Schadstoffausstoßes ermöglicht der neue Katalysator mit SCR-Technik (selektive katalytische Reduktion), bei der die Abgase mit einer Harnstofflösung behandelt werden, um die Stickoxidemissionen zu senken.

Das starke Magazin für Schrauber und Sammler!
Riesen-Marktübersicht: Alle Lanz-Gebrauchtpreise
TraktorClassic
FÜR HISTORISCHE LANDMASCHINEN
6/2011 OKT/NOV
4,90 €
www.traktorclassic.de
Ein Magazin von GeraMond
TRAKTOR-CHECK:
KRAMER KL 300
WERKSTATT: ALLE
ZANGEN
DIE MAN BRAUCHT
Fendt Favorit 12 S
Wie der Sechszylinder die 100-PS-Grenze knackte
TYPENGESCHICHTE
Die berühmtesten MAN
RESTAURIERUNG
Unimog 401 wie neu
SPURENSUCHE
Legendäre Eil-Bulldogs
Jeden zweiten Monat neu:
✓ Oldtimer-Schlepper in detaillierten Porträts
✓ Spannende Reportagen und Restaurierungsberichte
✓ Großer Serviceteil in jedem Heft
Jetzt am Kiosk!
» online blättern und Vorteilspaket sichern:
www.traktorclassic.de

Direktsaat mit zwei riesigen Tanks im Schlepp. Solche Arbeitsgänge waren vor wenigen Jahren noch undenkbar. Die neue Technik macht's möglich. Zu sehen ist ein Steiger mit Geräten von Case IH.